·四川大学精品立项教材·

聚合物材料结构表征与分析实验教程

JUHEWU CAILIAO JIEGOU BIAOZHENG YU FENXI SHIYAN JIAOCHENG

主　编　周天楠
副主编　钱祉祺　杨昌跃

四川大学出版社

责任编辑:唐　飞　段悟吾
责任校对:蒋　玙
封面设计:墨创文化
责任印制:王　炜

图书在版编目(CIP)数据

聚合物材料结构表征与分析实验教程 / 周天楠主编.
—成都：四川大学出版社，2016.3
ISBN 978－7－5614－9360－1

Ⅰ.①聚…　Ⅱ.①周…　Ⅲ.①高分子材料－结构性能
－教材②高分子材料－实验－教材　Ⅳ.①TB324

中国版本图书馆 CIP 数据核字（2016）第 059140 号

书名　**聚合物材料结构表征与分析实验教程**

主　编	周天楠
出　版	四川大学出版社
地　址	成都市一环路南一段 24 号（610065）
发　行	四川大学出版社
书　号	ISBN 978－7－5614－9360－1
印　刷	郫县犀浦印刷厂
成品尺寸	185 mm×260 mm
印　张	11.25
字　数	274 千字
版　次	2016 年 5 月第 1 版
印　次	2020 年 7 月第 2 次印刷
定　价	28.00 元

◆读者邮购本书,请与本社发行科联系。
电话:(028)85408408/(028)85401670/
(028)85408023　邮政编码:610065
◆本社图书如有印装质量问题,请
寄回出版社调换。
◆网址:http://press.scu.edu.cn

目　录

第一部分　材料物理结构表征及分析方法

第 1 章　材料物相及其微观结构的表征及分析方法

1.1　X 射线衍射仪

1. X 射线衍射仪的基本原理及使用特点

X 射线照射到晶区原子上产生相干散射，不同光程差的散射光之间发生干涉现象。当光程差为波长的整数倍时，光波相互叠加，强度增加，该光波的强度可被 X 射线衍射仪检测；当光程差不为波长的整数倍时，光波相互削弱或抵消。如图 1.1 所示，某一晶体特定晶面间距为 d，A，B 两束平行的 X 射线以 θ 角照射到晶面原子上时发生相干散射，散射角与入射角相同，均为 θ。根据几何原理可知，当 A，B 两束光的光程差为 $2b$ 时，得 $2b=2d\sin\theta$，若光程差为 $n\lambda$，$n\lambda=2b=2d\sin\theta$，即布拉格方程：$n\lambda=2d\sin\theta$。

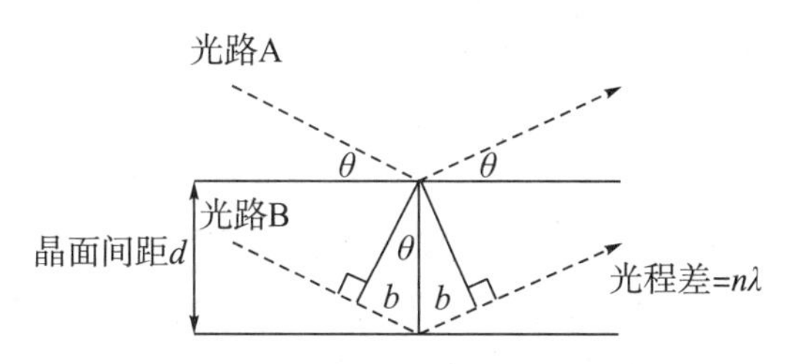

图 1.1　布拉格反射条件

当 X 射线的波长固定时，能够满足衍射条件的晶面是：入射光与样品晶面夹角的正弦值和晶面间距的乘积要等于波长的整数倍。因此，一个晶体里不是所有晶面，而是部分晶面能满足布拉格衍射产生衍射信号。如用铜 Kα 射线（铜钯，波长为 1.54184 Å*）作为入射光，探测聚丙烯 α 晶体，可得（040），（110），（130）等晶面的衍射信号；探测聚乙烯晶体，可得（110），（200）等晶面的衍射信号。当改用其他波长的 X 射线（如钴钯）检测时，满足布拉格方程的晶面间距和对应的入射光夹角也随之改变，检测

* 1 Å=0.1 nm。

到的晶面米勒指数也不一样。

利用X射线衍射仪（X-Ray Diffractometer，XRD）可以表征材料的晶型、构象，鉴别材料物相，计算样品结晶度、晶区取向度、点阵畸变以及微晶尺寸等。通过配合不同的附件可以表征材料在拉伸力场下结构与性能的关系（如在线拉伸附件）；材料的结晶动力学（配合控温热台），材料在温度场下的相变过程；材料在流动场中产生诱导结晶的动力学过程（配合剪切热台）等。

X射线衍射仪由光管、发散狭缝（DS）、样品台、防散射狭缝（SS）、接收狭缝（RS）、索拉狭缝（Soller slit）、探测器构成。

（1）光管中装有靶材，将高电压施加在靶材上，激发靶材产生X射线，X射线经过发散狭缝限制发散角后照射到样品上，产生的衍射光通过防散射狭缝进入接收狭缝，在接收狭缝处聚焦，并由探测器测定衍射光的光强。常用的靶材有铜靶、镍靶、铁靶、钴靶等，不同的靶材产生的X射线波长不同，波长越长的X射线入射深度越深。

（2）发散狭缝可以限定入射光在样品上的有效照射面积，入射狭缝越宽，入射光在样品上的照射面积越大。在有效照射面积不超过试样面积的情况下，可选用宽的发散狭缝，以保证较高的X射线强度。通常配置的发散狭缝角度为1°/6，1°/2，1°，2°，4°。对于有机材料，晶面对应的2θ一般较小，为了防止入射光在低角度照射时入射面积超出样品面积，可选用1°/2的发散狭缝。对于金属或者无机材料，晶面对应的2θ较大，则可以选择大角度的发散狭缝，这样既能满足测试精度要求，也可以得到较高的信号强度。

（3）通过调节样品台的高度，使样品待测点位置位于衍射光路的几何中心。

（4）防散射狭缝可滤除来自样品衍射光以外的散射光（如空气散射），减弱信号背底强度，增加信号的峰高-背底比。大角度的防散射狭缝会增强衍射信号，但也会增加背底强度；小角度的防散射狭缝会降低信号背底强度和衍射信号强度。因此，对防散射狭缝的选择，要求既要保证信号背底强度较低，又不会大幅度衰减衍射信号强度。通常，防散射狭缝选用的角度与发散狭缝相同。

（5）接收狭缝与信号的分辨率有关。接收狭缝越小，信号的分辨率越高，但透过的衍射光强度越低。在不影响信号分辨率的情况下，可使用较大的接收狭缝；当有多条衍射峰部分重合或者叠加时，建议选用较窄的狭缝，以提高信号分辨率。

（6）索拉狭缝控制X射线的发散角度，以保证最佳的衍射角分辨率。索拉狭缝分别安装在射线源与样品、样品与检测器之间。

（7）常用的探测器有闪烁计数器和阵列探测器，如图1.2所示。使用闪烁计数器时，需配合石墨单色器使用；阵列探测器具有纵向检测通道，可以同时接收一定2θ角度范围内的衍射信号。因此，阵列探测器接收信号的速度、灵敏度和强度优于闪烁计数器，且在衍射仪几何光路的设计上较闪烁计数器简单。商业化的衍射仪配置的探测器多趋向使用阵列探测器。

X射线衍射仪配置了计算机控制系统和分析软件。前者用于测试；后者用于对衍射数据的分析，包括寻峰、扣除背景、峰强及峰宽的计算，以及利用标准粉末衍射卡片

（PDF卡片）* 进行物相检索和匹配等。

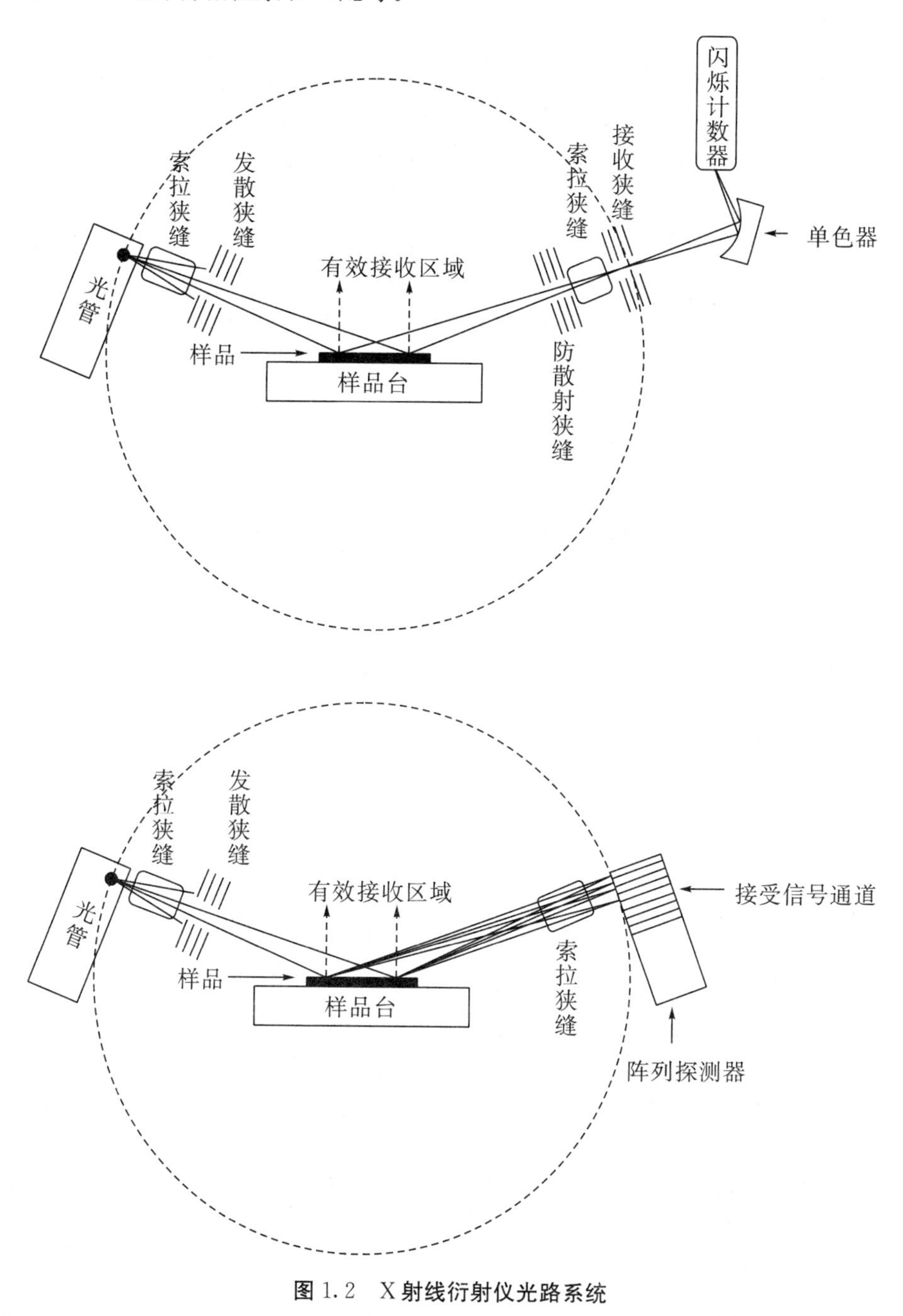

图 1.2　X 射线衍射仪光路系统

---

* PDF（Powder Diffraction File）卡片是已知材料晶面间距—强度比—米勒指数（d—I/I_0—（hkl））三者对应关系的数据库。同时还包括试样来源、制备方法、测试条件、晶体学数据、光学性质等物性参数信息。

2. X射线防护

(1) 测试前要保证铅玻璃门完全关闭，如未正常关闭，X射线发生器将不会启动。

(2) X射线发射时，X射线发射指示灯为红色，此时切记不可开门，防止X射线泄漏照射到人体。若要终止实验，应先停止测试，待X射线发射指示灯熄灭后才能开门。

(3) 严格按照操作规程进行仪器操作学习和实验测试，未经允许不得擅自操作仪器、使用控制软件以及触动仪器外部按钮。

(4) X射线衍射仪属于三类射线辐射装置，使用时应注意射线防护，远距离防护最为有效。

(5) 严格按照仪器使用要求定期校准。

(6) 严格按照仪器操作规程进行操作。

1.2 物相检索及成分定量分析

1. 实验目的

(1) 掌握X射线衍射仪的测试原理及基本操作方法。

(2) 掌握材料物相检索和成分定量分析方法。

2. 实验步骤

(1) 试样准备。

保证试样待测区域面积大于X射线的有效照射面积，根据样品形态制样。

粉末样品：研磨至微米级（10～50 μm），填入样品池凹槽并刮平。

固体样品：块状样品均可以直接用于测试，测试前先将观测面打磨抛光至光滑；薄膜样品应该选取较厚的区域进行测试，防止X射线穿透薄膜，也可以重叠至一定厚度进行测试；聚合物颗粒材料需要熔融压制成片状再进行测试；有取向结构的材料需剪碎混合后进行测试。

液体样品：若可以烘干成膜，可按照固体样品制样方式制样；若不能烘干，则不建议进行X射线衍射测试。

(2) 参数设置要求。

X射线衍射实验需要设定的参数有光管电压、光管电流、发散狭缝、防散射狭缝、接收狭缝、扫描方式、扫描速度、起始/终止角度确定、扫描步长。物相检索实验通常选择铜靶作为X射线光管，扫描方式为连续扫描方式。其他参数需要根据样品的实际条件进行设定。

(3) 试样安置与定位。

试样放置在样品台上，调整样品台位置，以保证样品待测区域在规定位置和高度上。

（4）测试步骤。

测试前，按照仪器校准方法和标准进行校准。将样品放置在规定位置，安装好合适的狭缝，关闭防护罩，接通电源，开启冷却水，开启光管，并将光管电压和电流升至设定值，在计算机控制界面选择扫描方式，设定扫描速度，输入起始角度，启动测试。程序开始自动采集数据，待测试结束后，得到衍射信号与 2θ 角度对应的谱图数据，保存后进行谱图及数据分析。重复以上步骤测试下一个样品。待测试全部完成后关机，关机顺序与开机顺序相反：先关闭光管，等待 10～15 min 后再关闭冷却水，以保证光管完全冷却。

3. 谱图及数据分析

（1）谱图解读。

X 射线衍射谱图是一系列具有不同宽度的衍射峰组成的谱线，横坐标是 2θ，纵坐标是强度。每个峰强度的最大值对应的角度均为该衍射峰的 2θ，代入布拉格方程可得对应晶面间距 d。衍射角度是物相分析的一项重要依据，是确定样品的晶型结构、定性分析样品成分或组成的主要参数。衍射峰强度、峰面积是获取样品结晶度、晶粒大小及变形、晶粒完整性和缺陷等信息的主要参数。

除了 X 射线衍射仪自带的谱图分析软件外，Jade 是目前通用的 XRD 谱图分析软件，能够分析多种衍射仪的谱图文件*，还可根据 PDF 卡片谱图数据库进行物相检索。

（2）物相检索。

现代 X 射线衍射仪谱图分析软件一般都安装了 PDF 卡片谱图数据库，软件的自动匹配功能可以检索与测试谱线匹配度由高到低的物质。判定检索结果是否为目标物质的步骤：①按照列表给出的信息核对 PDF 卡片和测试谱线中 2θ 是否对应，这是首要判定因素；②PDF 卡片中峰强比值与测试谱线中的峰强比值是否接近，由于影响峰强的因素有很多，所以峰强比值不一定能够完全匹配；③检索元素必须是样品中存在的元素。

满足上述要求的物质可推测为目标物质，但要确定物质成分，还需结合其他检测手段（如红外光谱、核磁共振、拉曼光谱、元素分析等）进行综合判定。为了缩小检索范围、提高检索准确性，在物相检索时可以选择样品中一定、可能或者一定不含有的元素进行检索匹配。

（3）成分定量分析。

检索出可能存在的所有物相后，先用 RIR（Reference Intensity Ration，参考强度比值）法计算样品成分的半定量结果，再用 Rietveld 精修方法计算定量结果。

RIR 计算方法：待测物与刚玉（三氧化二铝）按 1∶1 质量比混合后进行 X 射线衍射测试，物相最强峰与刚玉最强峰的积分强度比值称为 k 值。混合物中 a，b 两种物质的衍射强度与质量分数成正比，即：

---

* 关于 Jade 软件的基本操作方法、Rietveld 全谱拟合精修方法等可参阅：黄继武主编的《多晶材料 X 射线衍射——实验原理方法与应用》，北京：冶金工业出版社，2012。

$$k_a/k_b=(w_b I_a)/(w_a I_b) \tag{1.1}$$

式中，k 为物相的 k 值；w 为物相的质量分数；I 为测定的衍射峰强度。

1.3 材料晶型鉴定及结晶度和晶粒尺寸的测试

1. 实验目的

（1）掌握 X 射线衍射仪的测试原理及基本操作方法。

（2）掌握材料晶型鉴定及结晶度和晶粒尺寸的计算方法。

（3）掌握仪器处理软件、谱图及数据分析软件的基本使用方法。

2. 实验步骤

（1）试样准备。

对试样的要求与物相检测要求相同。

（2）参数设置要求。

晶粒的大小、完整程度、缺陷，材料的内应力等信息都是通过峰形表现出来的。除了与仪器本身有关外，峰形测试结果的准确程度还与步长设定及狭缝大小有关。一般来说，步长可按照衍射峰半峰宽的 1/10～1/5 作为基准进行测定，定性分析时以 0.02°作为基准，精确测定衍射峰形时取 0.005°～0.01°。在不影响分辨率的情况下，应适当选择大角度狭缝。

（3）试样安置与定位。

与物相检索安置要求相同。

（4）测试步骤。

与物相检索步骤相同。

3. 谱图及数据分析

（1）晶型鉴定。

利用 PDF 卡片对测试结果进行检索，根据检索结果推测材料可能存在的晶型。

（2）结晶度计算。

绝大多数聚合物都同时存在非晶区域和结晶区域，结晶度反映了样品中结晶区域的质量分数。

$$x_c=m_c/(m_c+m_a) \tag{1.2}$$

式中，x_c 为聚合物的质量结晶度；m_c 为结晶区域总质量；m_a 为非晶区域总质量。

根据 X 射线散射守恒原理，聚合物总的散射强度 I 等于结晶区域散射强度 I_c 与非晶区域散射强度 I_a 之和。得出结晶度 X_c 的计算公式：

$$X_{c,X}=\frac{\sum I_c}{\sum I_c+\sum kI_a} \tag{1.3}$$

式中，$X_{c,X}$ 的下标 X 表示用 X 射线衍射法测得；k 为非晶态与晶态的相对校正系数。理论上，k 值不等于 1，实际有时可接近于 1。[1]该方法计算出来的结晶度也称为相对结晶度。结晶度越差，衍射峰越宽。当材料完全为非晶时，则不产生衍射峰。当样品不存在择优取向，且晶相和非晶相的化学组成基本相同时，计算出来的结果具有实际意义。

（3）晶粒尺寸计算。

晶粒尺寸是材料形态结构的重要尺寸，晶粒大小对材料宏观性能有重要的影响。通常采用 Scherrer 公式（谢乐公式）计算：

$$D_{hkl} = \frac{0.89\lambda}{\beta_{hkl} \cdot \cos\theta} \tag{1.4}$$

式中，D_{hkl}是晶面指数为（hkl）的晶粒尺寸；λ 为 X 射线波长；β 是晶面（hkl）对应衍射峰的半高峰宽（弧度）；θ 为衍射角，单位是度。

晶粒尺寸和半高峰宽成反比，峰形越窄且尖锐，峰强越强，说明晶粒尺寸越大且较完整，内部缺陷越小。峰形越宽且弥散，说明晶粒越小，并有位错等缺陷。

值得注意的是，用不同的晶面族参数计算会得到不同的晶粒尺寸。因此，在实际谱图分析中，需说明晶粒尺寸是根据哪个晶面参数计算得到的，只有相同的晶面族参数计算得到的晶粒尺寸才具有可比性。

聚合物的晶粒尺寸通常在 50 nm 以下。当晶粒尺寸小于 10 nm 时会产生严重的衍射峰宽化，不宜使用 X 射线衍射仪测量晶粒尺寸。

1.4　参考实例

1. 物相检索

（1）样品：聚合物颗粒。

（2）实验目的：掌握物相检索基本方法及 PFD 卡片的使用。

（3）仪器设备：X 射线衍射仪［理学电企仪器（北京）有限公司，Ultima IV（配置阵列探测器)］。

（4）参数设置：发散狭缝 1°/4，入射索拉狭缝 5°，接收索拉狭缝 5°，铜靶（Cu Kα，λ=1.54186 Å)，光管电压 40 kV，光管电流 50 mA，连续扫描模式，扫描角度 5°～90°，扫描速度 20°/min，步长 0.08°。

（5）谱图及数据分析。

将聚合物测试结果与 PDF 卡片进行对照，分析得到五个较强衍射峰对应的 2θ 分别为 14.0°，16.8°，18.4°，21.0°和 21.8°，如表 1.1 所示。通过 PDF 谱图数据库进行谱图匹配，发现测得聚合物的 X 射线谱图中的衍射角度和峰强与 α－聚丙烯的晶型接近，如图 1.3 所示。因此，可以初步判定该样品为含有 α 晶型的聚丙烯。

表 1.1　聚合物测试结果与 PDF 卡片结果对照

聚合物测试结果			PDF 卡片结果（α－聚丙烯）		
2θ（°）	d（Å）	相对强度	2θ（°）	I（100%）	(hkl)
14.0	6.3258	最强	14.2	100	110
16.8	5.2773	第三强	17.1	54	040
18.4	4.8219	第二强	18.6	71	130
21.0	4.2304	第四强	21.3	37	111
21.8	4.2706	第二强	21.9	70	−131

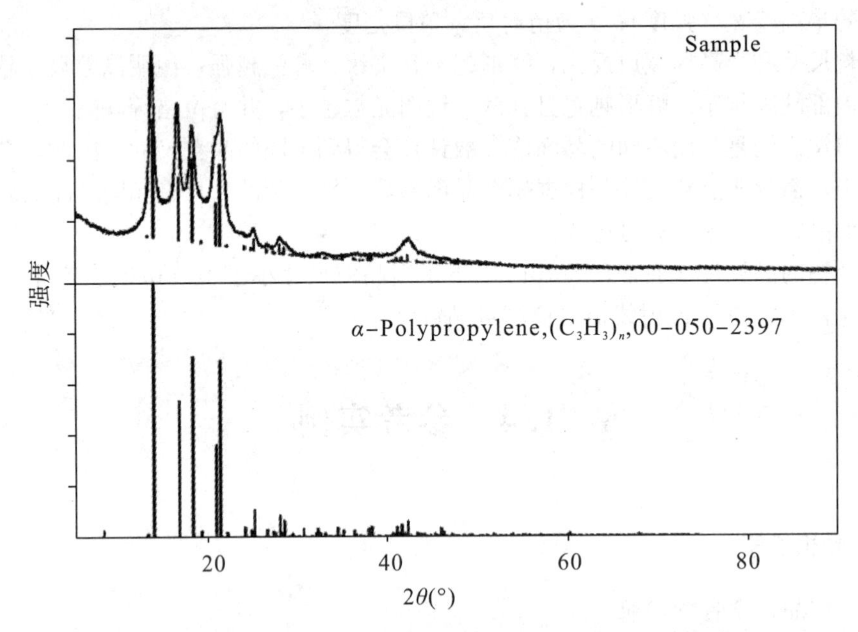

图 1.3　聚合物的 X 射线衍射谱图及 PDF 标准谱图的匹配结果

2. **成分定量分析**

（1）样品：无机混合物粉末。

（2）实验目的：掌握 XRD 定量计算样品组分的方法。

（3）仪器设备：X 射线衍射仪［理学电企仪器（北京）有限公司，Ultima IV（配置阵列探测器)］。

（4）参数设置：发散狭缝 1°/4，入射索拉狭缝 5°，接收索拉狭缝 5°，铜靶（Cu Kα，λ=1.54186 Å），光管电压 40 kV，光管电流 50 mA，连续扫描模式，扫描角度 5°～90°，扫描速度 20°/min，步长 0.08°。

（5）谱图及数据分析。

无机混合物粉末 X 射线衍射谱图及可能存在的两种组分与标准谱图的匹配结果如图 1.4 所示。根据物相检索结果可知，该无机混合物粉末的 X 射线衍射谱图中 2θ 和强度分别与PDF卡片中二氧化钛（PDF卡片编号：01－084－1285）和碳酸钙（PDF卡片编号：01－086－2334）的谱图相吻合，说明无机混合物粉末中可能含有这两种物质。

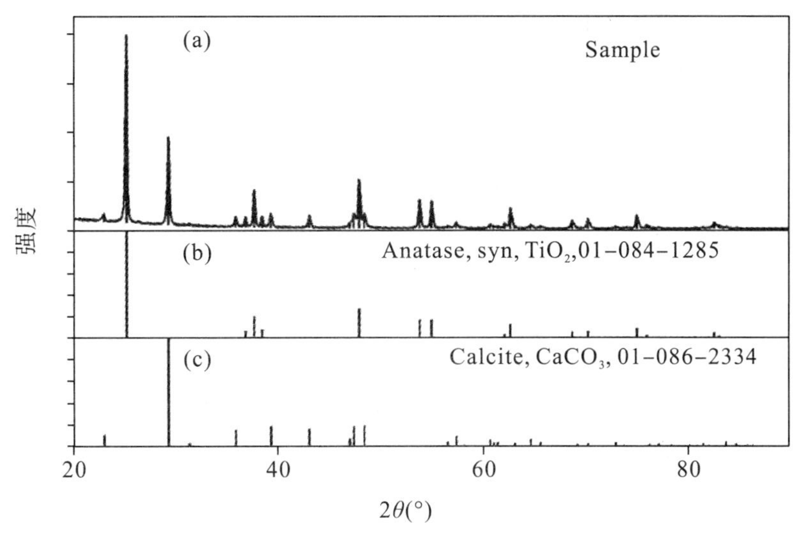

图1.4　无机混合物粉末X射线衍射谱图（a）及可能存在的两种组分（b）与标准谱图（c）的匹配结果

PDF卡片列出$CaCO_3$和TiO_2的RIR计算结果分别为2.0和3.3；两种物质的质量分数分别为：$CaCO_3$占总质量的44wt%，TiO_2占总质量的56wt%。

3. 聚合物晶型鉴定

（1）样品：聚合物颗粒。

（2）实验目的：掌握聚合物晶型鉴定及结晶度和晶粒尺寸的计算方法。

（3）仪器设备：X射线衍射仪（荷兰帕纳科公司，X′ Pert Pro MPD）。

（4）参数设置：设定发散狭缝1°/2，防散射狭缝1°/2，接收狭缝1 mm，铜靶（Cu Kα，λ=1.54186 Å），光管电压40 kV，光管电流30 mA，连续扫描模式，扫描角度5°～50°，步长0.03°，扫描速度0.15°/s。

（5）谱图及数据分析。

聚合物的X射线衍射谱图如图1.5所示，用PDF卡片进行物相检索可知，该聚合材料是聚丙烯（见表1.2），根据出峰位置推测，存在α和β两种晶型。其中，15.92°对应为β－聚丙烯晶体，属于（300）晶面族；13.94°，16.7°，18.4°，20.96°，21.74°对应为α－聚丙烯晶体，属于（040）晶面族。

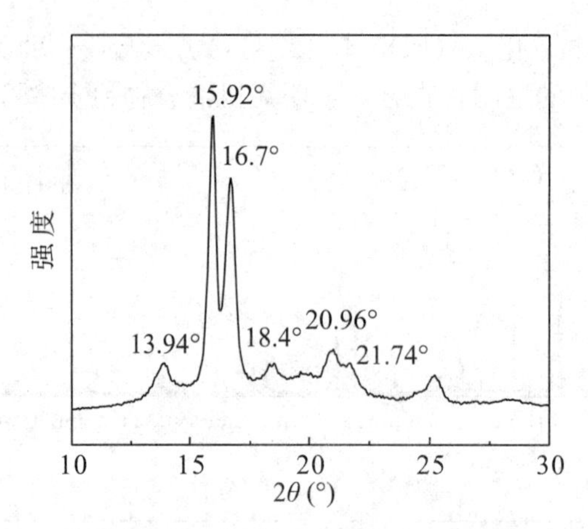

图 1.5　聚合物的 X 射线衍射谱图

表 1.2　聚丙烯的 PDF 卡片数据

β－聚丙烯		α－聚丙烯	
2θ (°)	(*hkl*)	2θ (°)	(*hkl*)
14.16	210	14.18	110
16.08	300	17.05	040
19.37	310	18.64	130
21.15	301	21.36	111
		21.94	－131

根据结晶度计算公式可得，该聚合物的结晶度为 53.5%。计算方法如下：

①用 Jade 或者 OriginLab 等数据处理软件对谱图进行拟合分峰，得到非晶峰和结晶峰，如图 1.6 所示。拟合谱线与原始谱线重合越好，说明拟合分峰的准确度越高*。

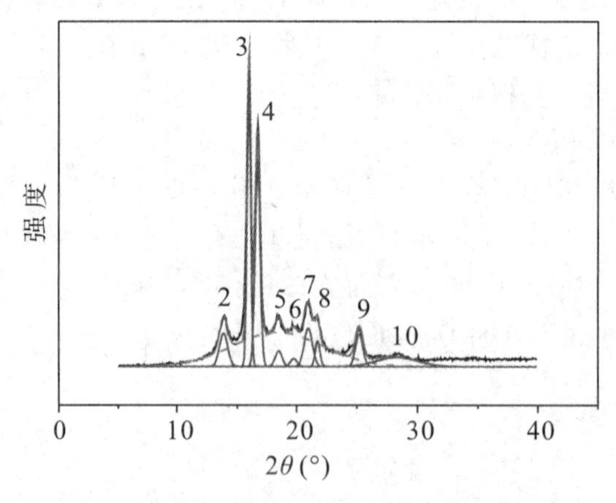

图 1.6　X 射线衍射谱图拟合分峰结果（虚线代表非晶峰）

* 参考 OriginLab 官网公布的指导教程。http://www.originlab.com/doc/Tntorids.

②拟合分峰后得到各峰峰面积，将结晶峰面积相加再除以总衍射峰峰面积（结晶峰面积与非晶峰面积之和），可得相对结晶度，见表 1.3。

表 1.3　结晶峰和非晶峰拟合分峰数据

衍射峰编号	积分面积	半高峰宽	峰高	相对峰面积	2θ（°）
1（非晶峰）	8341.20	8.77	893.64	46.46	18.38
2	728.20	0.79	861.87	4.05	13.86
3（β 晶型，(300) 晶面）	2832.73	0.35	7543.32	15.78	15.96
4（α 晶型，(040) 晶面）	2798.08	0.50	5246.10	15.58	16.69
5	292.31	0.68	401.83	1.62	18.46
6	143.91	0.65	206.43	0.80	19.76
7	845.62	0.79	996.40	4.71	20.98
8	320.27	0.45	667.37	1.78	21.75
9	637.05	0.71	844.47	3.55	25.19
10	1013.55	3.95	240.53	5.65	28.31
总面积	17952.92				

根据 Scherrer 公式计算出 β－聚丙烯晶体（300）晶面族对应的晶粒尺寸为 22.5 nm；α－聚丙烯晶体（040）晶面族对应的晶粒尺寸为 15.86 nm。

4. 实验报告撰写要求

（1）撰写实验目的、测试原理、仪器构造。
（2）撰写制样过程、仪器参数设置、基本操作步骤。
（3）撰写物相检索的具体过程及对应结果。
（4）撰写谱图分析的具体过程及对应结果。
（5）撰写样品成分定量分析的具体过程及结果。
（6）回答思考题。

5. 思考题

（1）描述自己在试验中对于实验原理、实验操作过程的理解，对实验结果准确程度的判断，自己的体会以及对该实验的经验积累。总结该类型实验中应该注意的问题，如何改进提高？

（2）物相检索有什么局限性？

（3）样品高度偏离标准位置 1 mm，对应的 X 射线衍射谱图中的峰位会偏差多少度？

（4）如需增大衍射峰强，可以更改哪些参数？

（5）在制样环节和测试环节各有哪些因素会影响到成分定量分析的结果。

（6）除了 RIR 方法外，还有哪些方法可以定量计算成分含量？请举例说明。

（7）为什么聚合物结晶峰的峰形普遍比金属或者矿物类样品的宽？

（8）步长选择偏大对测试结果会有何影响？

（9）利用 Scherrer 公式计算晶粒尺寸时，如何扣除峰宽数据中由仪器自身误差造成的衍射峰宽化？

（10）X 射线衍射仪测定的结晶度与差示量热仪测定的结晶度有什么区别？

（11）根据衍射仪 BB 衍射几何计算 θ 为 20°时，发散狭缝为 1°/2，1°和 2°时对应的有效照射面积是多少？

参考文献

[1] 杨睿，周啸，罗传秋，等. 聚合物近代仪器分析［M］. 北京：清华大学出版社，2010.

第 2 章　结晶材料取向结构的表征及分析方法

2.1　二维 X 射线衍射仪

1. 二维 X 射线衍射仪的基本原理及使用特点

二维 X 射线衍射仪的最大优势是可以快速且直观地表征结晶材料中晶体结构的取向情况，其与传统的 X 射线衍射仪的区别是：前者使用面探测器（图 2.1）；后者使用闪烁计数器或者阵列探测器。两者接收衍射信号的模式如图 2.2 所示：面探测器接收的是一定 2θ 范围内的所有衍射环信号，闪烁计数器或者阵列探测器则沿圆周运动收集运动平面与衍射环相交处的衍射信号。对于常规粉末衍射，两者均可获得衍射强度与 2θ 的对应关系，但由于面探测器覆盖的 2θ 范围大，所以所需测试时间短（一般在 3 min 左右，少于后者的测试时间约 10 min）。在晶体取向结构表征时，面探测器比闪烁计数器具有更大的优势。取向晶体产生的衍射环会向两极收缩变成衍射弧，取向度越大，衍射弧越短。面探测器可以直接测出衍射弧的变化（图 2.3），得到的数据全面直观，且耗时短。而闪烁计数器或者阵列探测器测试取向度的方法较为复杂，步骤为：先确定样品某一晶面（hkl）的衍射角度（2θ）后，将探测器角度固定在此晶面对应的 2θ 衍射角，然后将样品沿中心旋转 360°，记录 0°～360°范围内的 X 射线散射强度，根据信号强度变化计算出样品取向度（图 2.4）。[1]

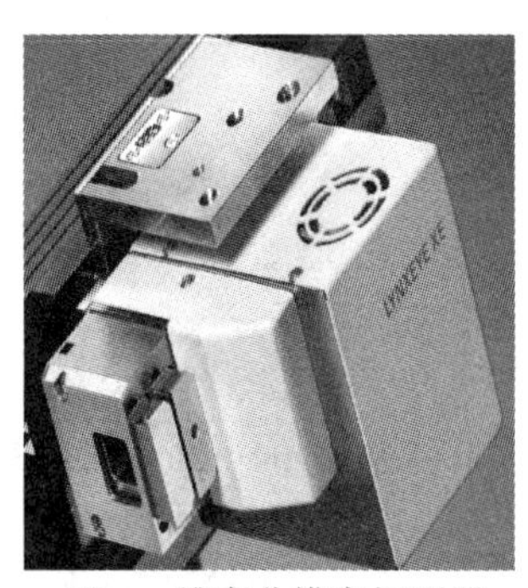

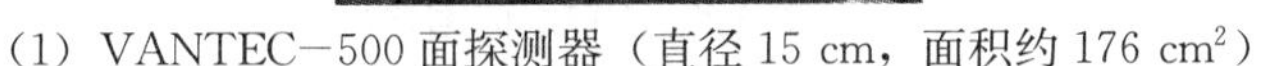

（1）VANTEC－500 面探测器（直径 15 cm，面积约 176 cm^2）　　（2）一维高分辨率探测器

图 2.1　德国 Bruker 公司出品的探测器

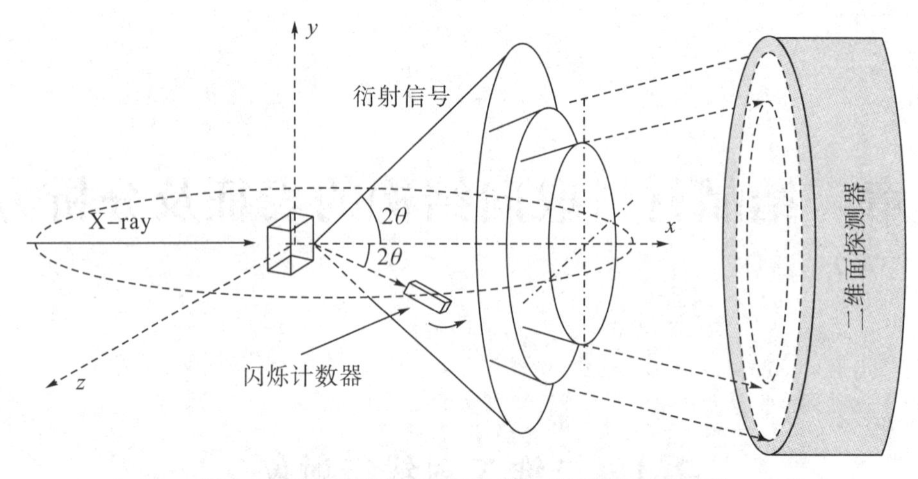

图 2.2　面探测器和闪烁计数器接收衍射信号的模式

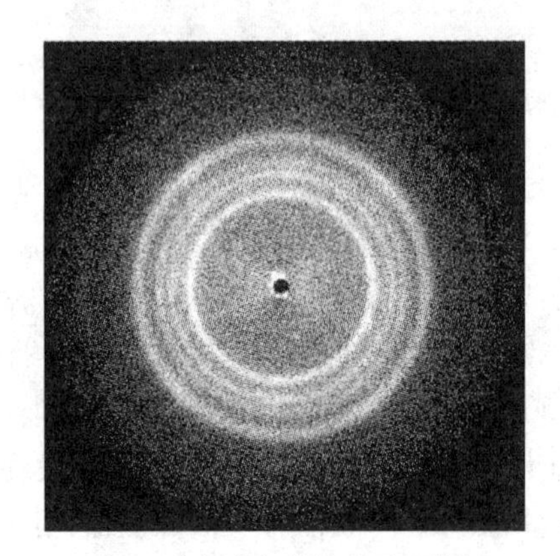

（1）没有取向结构的聚丙烯

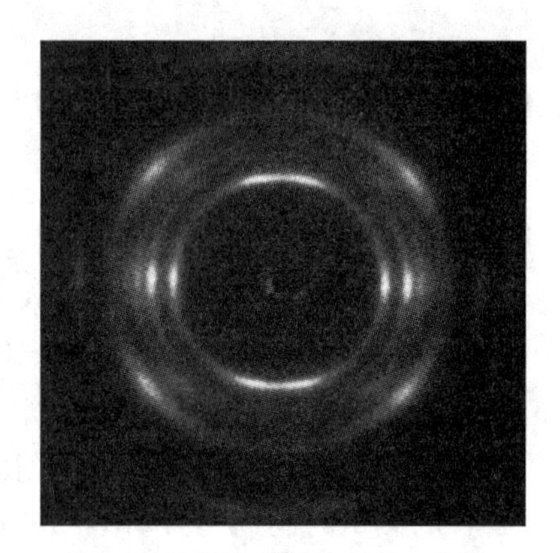

（2）具有取向结构的聚丙烯

图 2.3　聚丙烯的衍射谱图

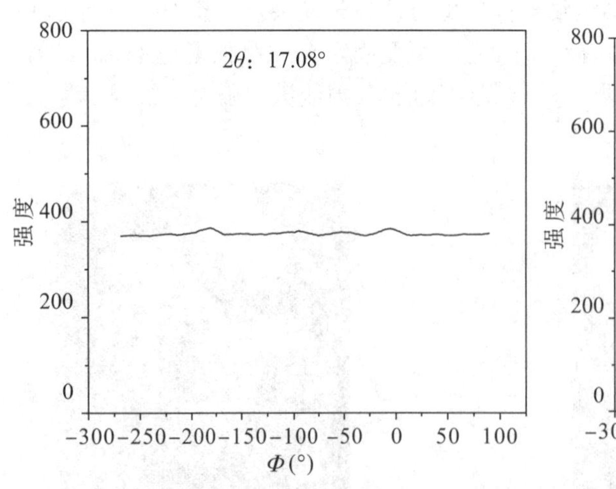

（1）没有取向结构的聚丙烯

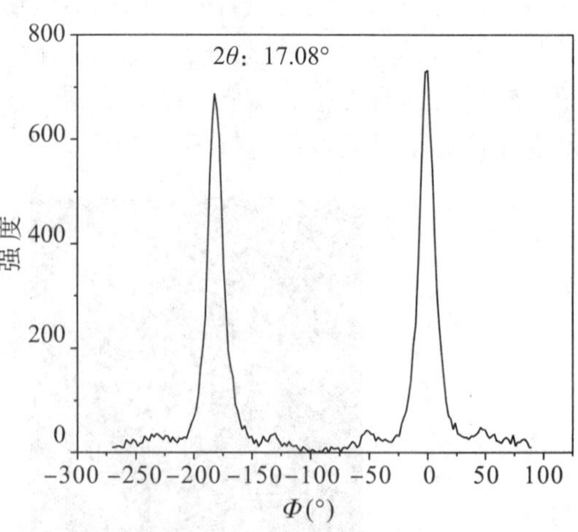

（2）具有取向结构的聚丙烯

图 2.4　闪烁计数器表征 2θ 为 17.08°的衍射环强度变化曲线

图 2.5 是一台由德国 Bruker 公司生产的型号为 D8 Discover 的配备面探测器的二维 X 射线衍射仪*。设备的主要部件（从左向右）依次是 X 射线发生器（从左至右为光管、Gobel Mirror、准直管）、四轴驱动样品台（样品台尺寸 16 cm×15 cm，承重 1.5 kg）、面探测器。测试附件为样品垂直夹持台，以确保样品垂直放置在测试位置。

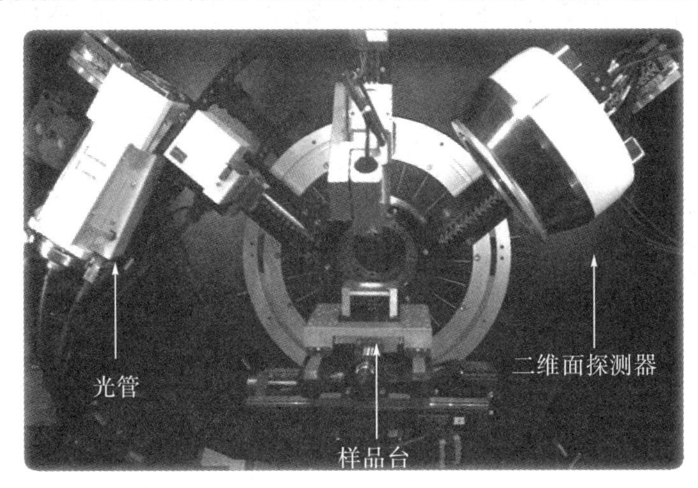

图 2.5　Bruker D8 Discover **二维** X **射线衍射仪**

聚合物材料相较于金属材料，其较高的比强度、绝缘性、高弹性、加工流动性以及使用的便捷性备受人们青睐。但聚合物材料的结构和使用性能很依赖加工过程，在加工过程（如挤出、注射、吹塑、压延等）中，分子链受到梯度分布的剪切应力场的作用，在该作用力下，聚合物分子链、聚合物分子链段以及微晶区会发生不同程度的取向。由于沿着取向方向，分子链择优排列，单位截面的化学键数目增加，所以材料在该方向上的抗拉强度会大幅度提高[2-3]。从动力学的角度来看，取向后的聚合物分子链段更容易排入晶格形成晶体，晶体的高强度和模量有助于改善材料的机械性能。材料结构与性能之间存在很高的相关性，因此，掌握聚合物材料晶区取向度和演变过程的表征方法，可为材料结构与性能关系的研究奠定实验技能基础。

2. X **射线防护**

（1）要保证铅玻璃门完全关闭，如未正常关闭，X 射线发生器将不会启动。

（2）X 射线发射时，X 射线发射指示灯为红色，此时切记不可开门，防止 X 射线泄漏照射到人体。若要终止实验，应先停止测试，待 X 射线发射指示灯熄灭后才能开门。

（3）严格按照操作规程进行仪器操作学习和实验测试，未经允许不得擅自操作仪器、使用控制软件以及触动仪器外部按钮。

（4）X 射线衍射仪属于三类射线辐射装置，使用时应注意射线防护，远距离防护最为有效。

* 详见 XDR 衍射仪设备结构原理以及测试应用范围，http://www.bruker.com/。

(5) 严格按照仪器使用要求定期校准。

(6) 严格按照仪器规程操作进行操作。

2.2 二维 X 射线衍射仪表征聚合物材料晶体取向结构

1. 实验目的

(1) 掌握二维 X 射线衍射仪的测试原理和基本操作方法。

(2) 掌握聚合物材料晶区取向度的测定和计算方法。

(3) 掌握谱图及数据分析软件的基本操作方法。

(4) 掌握晶面及晶型分析的基本方法，并确定晶型。

(5) 学会取向度的计算方法。

2. 实验步骤

(1) 试样准备。

纤维样品：将样品拉直绑成密实的纤维束，长度大于 2 cm，保证每根纤维都不能发生卷曲，否则会降低样品取向度的计算值。纤维束直径在 0.3～0.5 mm 之间，如果太细，衍射信号不够强；如果过粗，会增强背底散射信号。

薄片样品：对于共混、共聚的聚合物样品，厚度以 0.3～0.7 mm 为宜。若材料中混有无机填料，可根据填料对 X 射线吸收的强弱情况在制样时适当调整样品厚度。样品长度大于 2 cm，宽度大于 5 mm。

(2) 参数设置要求。

二维 X 射线衍射仪需要设定的参数有光管电压、光管电流、探测器与样品间的距离。由于没有狭缝，所以设置的参数少于传统 X 射线衍射仪。

(3) 试样安置与定位。

按照图 2.6 所示规则夹持样品，并将样品台垂直于 X 射线入射方向放置。在面探测器前部安装 Beam-Stop 附件，用于阻挡直射的 X 射线。

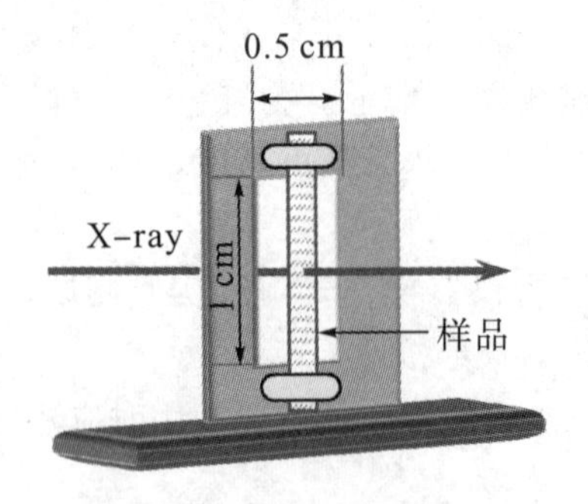

图 2.6 样品垂直夹持台

面探测器与样品间距离为 8 cm，对应的覆盖角度约为 70°。针对不同材料特征衍射峰的出峰角度不同，可以适当调整面探测器与样品的距离，以增大或者减小面探测器的覆盖面积。具体的设置参数见表 2.1。

表 2.1　面探测器与样品的距离及对应的覆盖角度

面探测器与样品的距离（cm）	覆盖角度
5	83°
10	56°
15	42°
20	33°
25	27°
30	23°

（4）测试步骤。

依次开启 X 射线衍射仪总电源、X 射线发生器电源、面探测器电源。然后开启计算机，启动测试软件，确保 X 射线衍射仪与计算机正常联机。初始化样品台、X 射线发生器和面探测器三者的位置。将样品放置在样品台上，设定样品台、X 射线发生器和面探测器的位置，输入测试参数。确保 X 射线衍射仪上的铅玻璃门正常关闭，点击测试软件上的“开始”按钮进行测试。测试完成后，保存数据。移去样品，再重新测试一遍，得到空气背景数据并保存。测试完毕后进行谱图分析。关闭光管后等待 10～15 min 关闭冷却水，以保证光管完全冷却。最后关机，关闭总电源。

3. 数据分析——取向度的计算方法

（1）经验公式。

聚合物材料晶区取向度 Π 的算法，可采用经验公式进行计算：

$$\Pi=\frac{180^{\circ}-H}{180^{\circ}}\times 100\% \tag{2.1}$$

式中，H 为最强衍射弧对应的方位角曲线的半高宽。

以聚丙烯为例，最强衍射弧的 2θ 为 17.08°，对应的方位角曲线的半高宽为 14°，计算得到 Π 为 92%。理想状态下，完全取向的材料的 H 为 0°，Π 为 100%；完全无规的材料的 H 为 180°，Π 为 0%。此法使用简单，但不能精确描述特定晶轴与参考方向的取向关系，可做相对比较。

（2）Hermans 取向因子法。

Hermans 取向因子法是表征单轴晶系取向模型的计算方法，描述分子链轴相对于参考方法的取向程度，如图 2.7 所示。

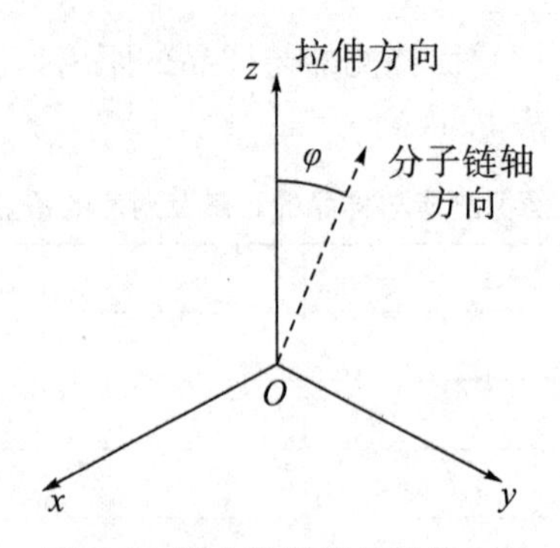

图 2.7　聚合物链轴与拉伸方向

根据单位矢量球中分子链轴和拉伸方向之间的几何关系，Hermans 计算出取向因子 f 为

$$f=\frac{3<\cos^2\varphi>-1}{2} \tag{2.2}$$

式中，$<\cos^2\varphi>$为取向参数，根据特定晶面（hkl）随 φ 角变化的衍射强度 $I(\varphi)$ 推出，计算方法为

$$<\cos^2\varphi>=\frac{\int_0^{\frac{\pi}{2}}I(\varphi)\sin\varphi\cos^2\varphi\mathrm{d}\varphi}{\int_0^{\frac{\pi}{2}}I(\varphi)\sin\varphi\mathrm{d}\varphi} \tag{2.3}$$

式中，φ 是分子链轴方向（例如 c 轴方向）和参考方向（在本实验中为剪切流动方向）之间的夹角，称为方位角；$I(\varphi)$ 是随方位角 φ 变化的衍射强度。当 $f=1$ 时，表示分子链完全沿剪切流动方向取向（理想取向）；当 $f=0$ 时，表示分子链无规取向；当 $f=-1/2$ 时，表示分子链垂直于剪切流动方向取向。

2.3　参考实例

1. **聚合物取向度测试**

（1）样品：晶区取向的聚丙烯样条。

（2）实验目的：掌握结晶聚合物晶区取向情况的表征和取向度的计算方法。

（3）仪器设备：X 射线衍射仪［布鲁克（北京）科技有限公司，D8 Discover（配置二维面探测器)］。

（4）参数设置：铜靶（Cu Kα，$\lambda=1.54186$ Å），光管电压 40 kV，光管电流 50 mA，测试时间 300 s，X 射线光斑直径 0.3 mm。样品台置于原点（0，0，0），光管入射角度 0°，面探测器测试角度 0°，安装 Beam-Stop 附件。

（5）谱图及数据分析。

二维 X 射线衍射仪谱图数据用 SAXSnew 软件（1997—2010 bruke AXS）进行

分析。

①晶面及晶型分析。

谱图分析：打开分析软件，加载衍射谱图文件，如图 2.8 所示。由图可知，四条衍射环信号分布不均，分别向赤道、两极以及特定方位聚集，说明聚丙烯样品中的晶区具有明显的取向结构。通过衍射弧的长短和明亮程度可以定性分析聚丙烯晶体取向度的强弱。

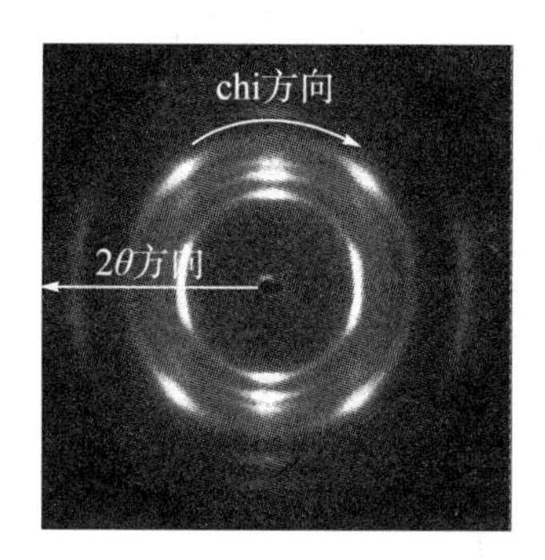

图 2.8　聚丙烯晶体的衍射谱图

衍射强度与 2θ 的对应关系：对整个衍射环进行积分可得到准确的衍射强度与 2θ 的对应关系，积分时设置 2θ 的积分区域为 5°～32°；chi 的积分区域为 0°～360°。对于无规取向或者粉末样品，理论上衍射环强度分布均匀，可以对部分区域进行积分，但实际上衍射强度不可能严格均匀地分布，因此，chi 的取值范围在 0°～360°为宜。

积分后得到衍射强度与 2θ 的对应关系如图 2.9 所示，对比聚合物晶体及晶型参数判断该样品为聚丙烯样品[4]，四个特征峰对应的晶面分别为（110），（040），（130），（111），归属晶型是 α 晶型。

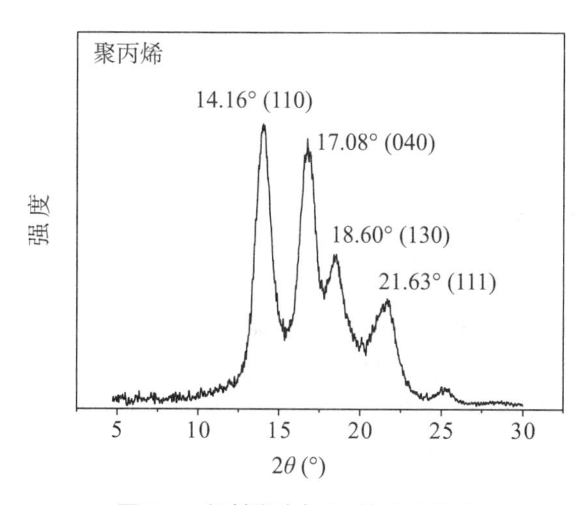

图 2.9　衍射强度与 2θ 的对应关系

②取向度分析及计算。

谱图分析：聚丙烯晶体的衍射谱图显示，（040）晶面的衍射弧亮度、强度最强且对称分布在两极，较其他三个衍射峰的峰形简单且容易计算，故选其作为取向度计算的目标衍射峰。

衍射强度与方位角 φ 的关系：设定 2θ 的积分区域为 16.2°～17.8°；chi 的积分区域为 0°～360°。通过计算得到（040）晶面衍射强度随方位角 φ 的变化情况。2θ 的积分区域通常在峰值的±(0.5°～0.8°）之间。如遇到衍射峰分布密集的情况，可略微缩小积分区域。积分后可得聚丙烯 α 晶型（040）晶面衍射强度与方位角 φ 的关系，如图 2.10 所示。

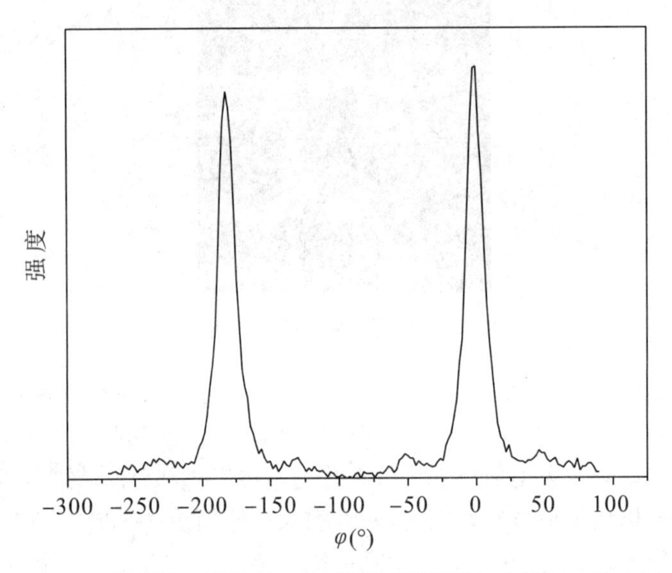

图 2.10　聚丙烯 α 晶型（040）晶面衍射强度与方位角 φ 的关系

两种不同的方法对应的取向度计算结果为：

①取向度 Π：计算方位角在 $-50°\sim50°$ 内衍射峰的半高宽为 16.2°，代入公式(2.1)，得取向度 Π 为 0.9。

②取向因子 f：将方位角 0°～90°（每隔 0.5°取一个点）对应的强度代入公式(2.3）中，算出 $\langle\cos^2\varphi\rangle$ 为 0.986，取向因子 f 为 0.98。

2. 实验报告撰写要求

（1）撰写实验目的、测试原理、实验仪器构造。

（2）撰写制样过程、仪器参数设置、基本操作步骤。

（3）撰写测试结果及分析，根据材料衍射参数确定样品中各个衍射峰归属，确定晶面以及晶型种类。写出数据处理的详细步骤，并用两种方法计算出样品取向度。

（4）回答思考题。

3. 思考题

（1）描述自己在试验中对于实验原理、实验操作过程的理解，对实验结果准确程度的判断，自己的体会以及对该实验的经验积累。总结该类型实验中应该注意的问题，如何改进提高？

（2）二维X射线衍射仪与传统X射线衍射仪的区别以及测试原理。

（3）聚合物晶区取向度对材料机械性能影响的机理。

（4）除了X射线衍射仪外，还有什么方法可以测试晶区取向度？

（5）对于无定型区（非晶区）的取向度测试有什么方法？

（6）积分区域过大或者过小会对取向度计算结构有什么影响？

（7）曝光时间长短与衍射弧强度有什么关系？对取向度计算有无影响？

参考文献

[1] 张宏放，莫志深. X射线衍射法测定聚合物材料取向 [J]. 高分子材料科学与工程，1991（6）：1—8.

[2] YONG W，BING N，QIANG F. Super polyolefin blends achieved via dynamic packing injection molding：Morphology and properties [J]. Chinese Journal of polymer science，2003（21）：505—514.

[3] YONG W，BING N，QIANG F，et al. Shear induced shish-kebab structure in PP and its blend with LLDPE [J]. Polymer，2004（45）：207—215.

[4] 莫志深，张宏放. 晶态聚合物结构和X射线衍射 [M]. 2版. 北京：科学出版社，2010.

扩展阅读

1. 杨万泰. 聚合物材料表征与测试 [M]. 北京：中国轻工业出版社，2008.

2. 黄继武，李周. 多晶材料X射线衍射——实验原理、方法与应用 [M]. 北京：冶金工业出版社，2012.

第3章　材料微观形貌的表征及分析方法（一）

3.1　扫描电子显微镜

1. 扫描电子显微镜的基本原理及使用特点

扫描电子显微镜（Scanning Electron Microscope，SEM）是观察分析样品微观形貌的有力工具，能有效分析样品微观形貌、结构特征，判定金属材料的相结构，并能对复合材料相区、晶区尺寸大小、结构、形状特征进行表征及分析。钨灯丝扫描电子显微镜的放大倍率可达十万倍；场发射扫描电子显微镜的放大倍率可达二十万倍，成像分辨率可小于1 nm。配合能谱仪，扫描电子显微镜还可以对同一观测区域进行成分分析，不仅可得到样品表面结构，还可得到该结构表面对应的成分信息。除能谱仪外，扫描电子显微镜还可以与原子力显微镜、X射线波谱仪、拉曼光谱仪等联合使用，对材料微观化学成分、组成、物质凝聚态结构等多种性质进行定性和定量分析。

扫描电子显微镜主要由电子光学系统、信号收集处理显示系统以及附属真空系统组成（图3.1）。电子光学系统中的电子枪发射电子，通过电磁透镜逐级汇聚后照射到样品上。样品表面被电子束激发出二次电子，信号探测器将二次电子信号捕获后进行处理，转换成可视的电子显微图像由显示器呈现。扫描电镜需要在高真空环境下工作，若环境真空度达不到要求，一会影响成像质量，二会降低灯丝寿命。钨灯丝扫描电子显微镜的真空系统需提供 1.33×10^{-5} Pa 的真空度，场发射型扫描电子显微镜则需要提供 1×10^{-7} Pa 的真空度。

扫描电子显微镜的结构如图3.1所示，其主要部件的工作原理如下：

电子枪由钨灯丝阴极、栅极以及负极组成，负极加上高压（5～30 kV）可激发钨灯丝发射电子束。目前，高分辨率的扫描电子显微镜以及透射电子显微镜多采用场发射电子枪，与钨灯丝电子枪相比，其能量分散度小，放大倍率高。

电磁透镜是将电子束的直径从微米级汇聚成纳米级的束斑，一般由三个电子透镜组成：前两个为强磁透镜，对电子束有强大的聚集能力；后一个为弱磁透镜，汇聚能力弱，使电子束有较长的汇聚路径，并能保证样品与其中间有较大空间能够装入其他信号检测器，如能谱仪、俄歇电子能谱仪等。电子束被汇聚得越小，相应的分辨率就越高。

相比钨灯丝电子枪，场发射电子枪发射的电子束可以进一步缩小，同时还能保证电子束有高能量，因此，场发射扫描电子显微镜具有更高的放大倍率。[1]

扫描线圈的主要作用是改变电子束的方向，使电子束在样品表面逐行扫描成像。其扫描行为与显像管的扫描行为必须严格一致，这样才能保证同步成像，画面不失真。

收集电信号后通过调制转换在显示屏上呈现图像。真空系统能保证仪器工作时的内部系统处于高真空环境中。

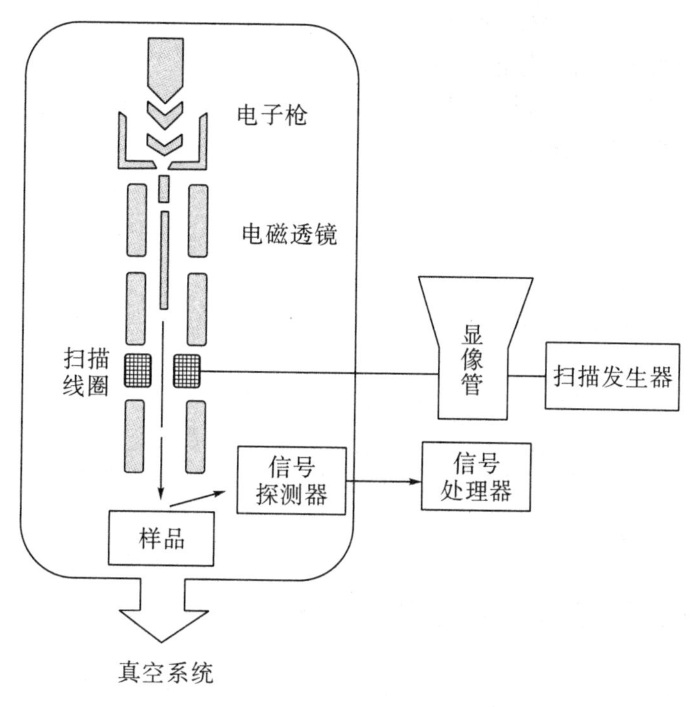

图 3.1 扫描电子显微镜结构示意图

2. 扫描电子显微镜操作注意事项

（1）工作环境需防止震动，保持洁净无尘。

（2）样品室真空度达到要求后才能开始测试。

（3）磁性样品不能用于扫描电子显微镜测试。

（4）更换样品时，样品台要先下降至最低端再移除样品，避免样品移除或移入样品室时碰坏探测器和物镜。关机时，要先关闭高压，待灯丝冷却后，再破除真空。样品室舱门须轻拉轻关，以免气流破坏能谱探头的铍窗。

（5）移动观察样品以放大图像及聚焦，须让样品台缓慢移动，避免移动幅度过大使样品碰触样品舱内组件。

（6）严格按照仪器使用要求定期校准。

（7）严格按照仪器操作规程进行操作。

3.2 扫描电子显微镜观察材料表面形貌

1. 实验目的

（1）了解扫描电子显微镜的测试原理。

（2）掌握扫描电子显微镜的基本制样方法。

（3）掌握扫描电子显微镜的操作方法，并完成对样品放大1000倍、10000倍、50000倍的实际操作及谱图分析。

2. 实验步骤

（1）试样准备。

无论是粉末样品还是块状样品，均需牢固地粘在样品架上才能放入样品室进行观测。样品尺寸要小于样品台面积，高度要小于10 mm。

带有磁性的粉末严禁放入样品室；带有磁性的固体样品尺寸应该控制在3 mm×3 mm以下，且保证其牢固地粘在样品台上。挥发性物质可能会损坏扫描电子显微镜内部的精密部件，因此，含有挥发性物质的样品不宜使用扫描电子显微镜观察。

（2）试样表面处理。

观测表面需处理干净，可用化学试剂（低沸点物质，且不会与样品发生无化学或物理反应）生理盐水及等渗缓冲液（针对生物材料）对样品进行清洁并干燥。熔点或软化点较高的固体材料可低温烘干或自然干燥；对于生物样品，则采用冷冻干燥或者临界点干燥，防止干燥时样品产生形变。临界点干燥的原理是：在临界状态下，液相和气相界面消失，表面张力为零，此时除去水分可以防止样品变形。冷冻干燥是先将样品放入低温冷冻，再通过升华除去样品中的水分。

注意：操作时须戴无菌手套，避免污染已经清洗干净的样品。

（3）喷金处理。

用扫描电子显微镜观察样品必须确保样品表面导电，并转移富集在表面的电荷，若电荷富集过多，会引起电荷放电，烧坏或烧毁样品。处理方法是对样品表面喷涂一层很薄的导电金属膜（10～20 nm）。常见的喷金材料有金、镍、铬以及合金等。喷金的仪器为离子溅射仪，将样品放在离子溅射仪中，真空抽至1×10^{-2} Pa时开始喷金，时间控制在60～150 s之间，以样品表面镀上合适厚度的金属薄膜为宜。如果观测时出现电荷放电或者导电效果不佳的情况，可重新喷金观测。

若喷金不当，会在样品表面形成金属颗粒或者其他结构，使之被误认为样品表面结构。因此，为了避免假象，需要根据试样组成、表面结构、蒸镀材料的种类选取合适的条件（如电流、时间、靶体与试样间的距离等）。

（4）试样固定。

将清洁干燥后的样品用含银粉或者石墨粉的导电双面胶带固定在样品台上。一是确保样品不会因抖动、震动、倾斜、旋转而掉落；二是保证样品与样品台之间有良好的导电性，能将测试时聚集在样品边缘的电荷及时转移，不发生电荷聚集放电的情况。胶带面积要尽量大于样品的底面积，图 3.2 给出了导电胶正确和错误的粘贴方法以及喷金效果。正确的方法可以保证喷金后样品被导电材料完全包覆，降低电荷堆积，减少局部放电情况，提高电镜扫描质量；错误的方法不能保证样品被导电材料完全包覆。

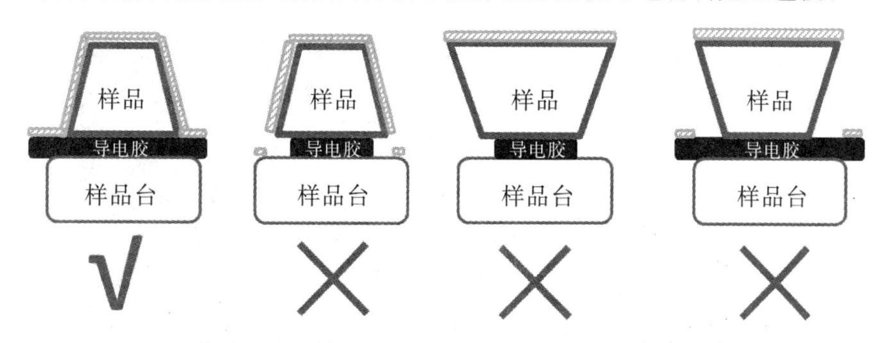

图 3.2　导电胶正确与错误的粘贴方法以及喷金（样品外部线条）效果

（5）试样放置。

为了避免手上的油渍污染样品室，应佩戴无菌手套并使用镊子夹持样品，样品放置后须准确记录每个样品的位置，然后关闭舱门开始测试。

（6）参数设置要求。

测试电压：首先考虑样品的耐电压性。生物样品以及水溶性或生物相容性聚合物材料用低电压观测（5～15 kV）；金属样品、无机非金属和部分耐电压性好的聚合物材料可用高电压观测（15～30 kV）。高电压观测时图像清晰度好；低电压观测时表面细节信息反映得更详细。在实际操作时，可以尝试采用多级电压进行观察，选取最合适的测试电压。

工作距离：工作距离是指物镜下端面到焦点面之间的距离。工作距离越大，分辨率越高，工作距离通常以 10 mm 为宜。

放大倍数：放大倍数等于照片的面积除以电子束扫描的面积。

分辨率：分辨率通常取决于电子束斑的大小。在一定程度上，电子束斑越小，分辨率越高，但当电子束斑小到一定程度时，就无法激发二次电子。因此，减小电子束斑直径，增大电子束斑强度是提高扫描电子显微镜分辨率的有效手段。目前，场发射扫描电子显微镜的电子枪可以提供直径小且强度大的电子束斑，其分辨率可高达 1 nm。

衬度：衬度包括形貌衬度和原子序数衬度。形貌衬度是由试样表面形貌差异造成的；原子序数衬度是由于试样表面物质存在原子序数差异而形成的。背散射电子、吸收电子、X 射线对原子序数差异相当敏感，样品中的原子序数差异会造成背散射电子或者吸收电子数目改变，产生明暗对比较明显的衬度图像。因此，可以利用衬度观察样品表面的形貌和成分分布信息。[2]

（7）测试步骤。

打开扫描电子显微镜主机、真空系统、电脑。戴上手套，将样品放置到样品台上（图 3.3）。喷金后用导电胶把样品粘到托架上，再将托架插到样品台的小孔处，记录摆放位置。关闭舱门，摘掉手套。打开软件启动仪器，进入操作界面。抽真空，待真空度降至 1.2×10^{-3} Pa 以下时，开启高压，设置测试电压和放大倍率（从低倍率向高倍率设置）参数，调节工作距离至 10 mm。选取观察位置，聚焦后拍照保存图片。测试完毕后，关闭高压，破除样品室真空状态，关闭程序、电脑、真空系统、扫描电子显微镜主机。

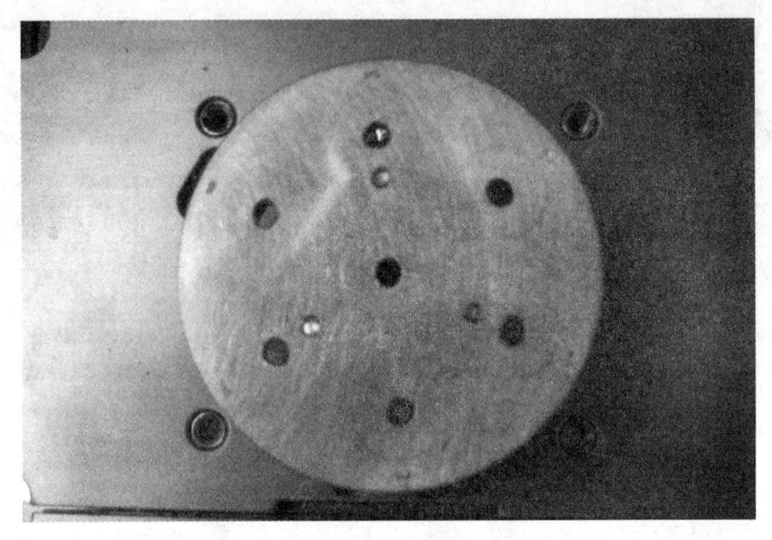

图 3.3　扫描电子显微镜样品台

3. **谱图及数据分析**

见参考实例。

3.3　参考实例

1. **材料表面形貌观察**

（1）样品：聚合物样品。

（2）实验目的：掌握扫描电子显微镜观察材料表面形貌的方法

（3）仪器设备：①扫描电子显微镜（美国 FEI 公司，FEI quanta－250）；②离子溅射仪。

（4）样品制备：对样品表面进行清洁处理，用导电胶粘至样品台上，喷金。

（5）参数设置：测试电压可设定为 5～30 kV，放大倍率可分别设定为 1000 倍、10000 倍、50000 倍，工作距离为 10 mm，真空度小于 1.2×10^{-3} Pa。

（6）谱图及数据分析。

扫描电子显微镜的谱图分析比较简单，可用测量软件（如 Image-Pro Plus 软件）对样品的尺寸进行测量，再计算样品的粒径、孔径、填料尺寸分布，并对样品断口形貌、内部结构进行分析*。图 3.4 为扫描电子显微镜观测的无机材料、聚合物以及生物组织的结构形貌图。

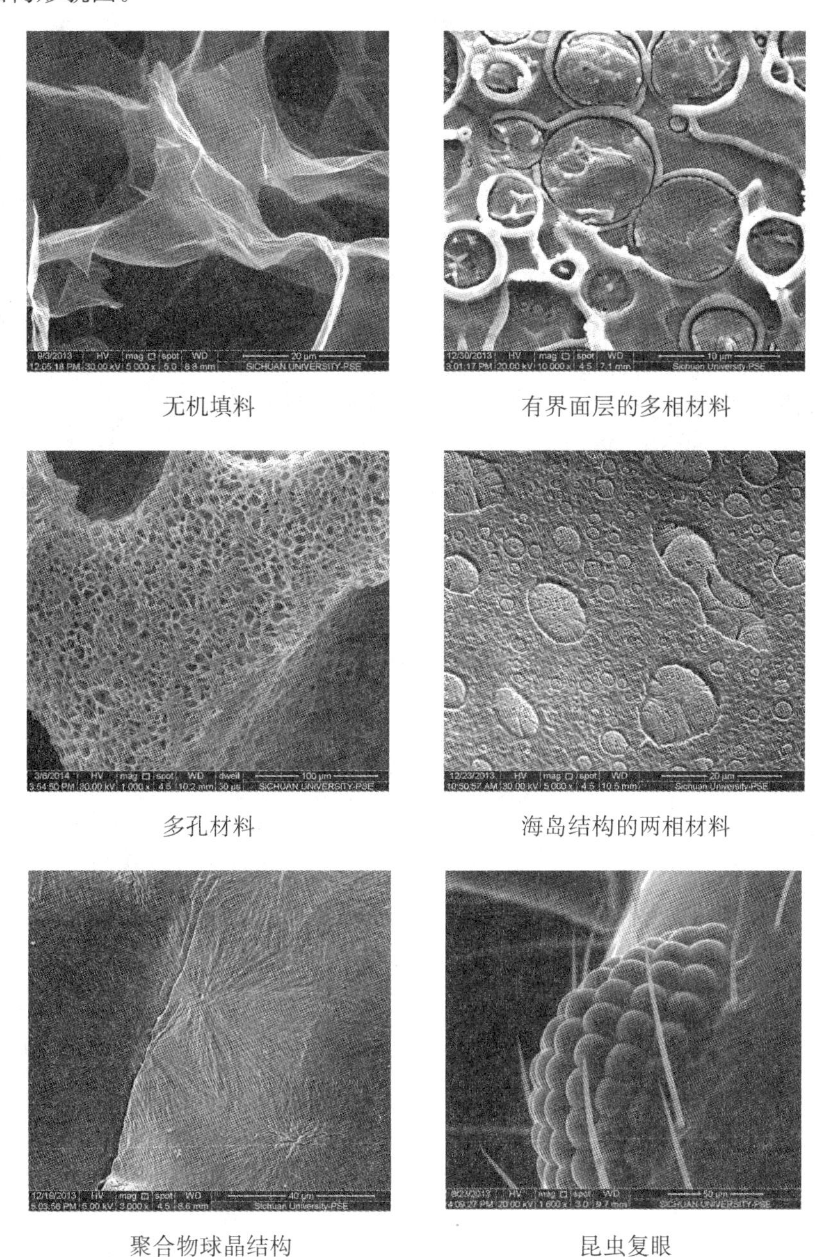

无机填料　　有界面层的多相材料

多孔材料　　海岛结构的两相材料

聚合物球晶结构　　昆虫复眼

图 3.4　扫描电子显微镜观测的结构形貌图

2. **实验报告撰写要求**

(1) 撰写实验目的、测试原理、实验仪器构造。

---

* 参考 Image-ProPlus 软件官网公布的指导教程。http://www.mediacy.com.cn/cn/index/。

（2）撰写制样过程、仪器参数设置、基本操作步骤。

（3）撰写实验测试方法。

（4）撰写实验结果分析、图像处理结果。

（5）回答思考题。

3. **思考题**

（1）描述自己在试验中对于实验原理、实验操作过程的理解，对实验结果准确程度的判断，自己的体会以及对该实验的经验积累，总结该类型实验中应该注意的问题，如何改进提高？

（2）震动对扫描效果以及设备有何影响？如何在测试时避免震动带来的影响？

（3）扫描电子显微镜制样有哪些注意事项？

（4）如需观察橡胶样品的断面形貌，应该如何设计测试方案？

（5）束流大小对分辨率和测试结果有何影响？

（6）用 Image-Pro Plus 软件计算共混物的相结构或者分散在基体中的填料尺寸。

参考文献

[1] 郭素枝．扫描电镜技术及其应用［M］．厦门：厦门大学出版社，2006.

[2] 杨万泰．聚合物材料表征与测试［M］．北京：中国轻工业出版社，2008.

第 4 章　材料微观形貌的表征及分析方法（二）

4.1　原子力显微镜

1. 原子力显微镜的基本原理及使用特点

原子力显微镜（Atomic Force Microscope，AFM）是通过接收探针和试样表面原子间相互作用力的信号来测试样品表面微观形貌及物理性质（如力学性能、黏附性、模量、硬度等）的仪器。其空间分辨率可达 0.1 nm，高于透射电子显微镜的 0.3～0.5 nm 以及扫描电子显微镜的 3～6 nm，并能直接在大气环境中观察样品的三维尺度结构，相比于后两者需要在高真空环境中使用更为简单方便，制样时也无须超薄切片、喷金等处理工艺。

图 4.1 是原子力显微镜的结构原理图。原子力探针一端固定在微悬臂上，另一端附有十分尖锐的针尖。当针尖与样品表面接触时，针尖端头原子与样品表面之间存在微弱的相互作用力（引力或者斥力），该作用力可以使微悬臂发生微小的弹性形变，其形变量与作用力大小遵守胡克定律：

$$F = K \times z \tag{4.1}$$

式中，K 为微悬臂弹性常数；z 为微悬臂弹性形变量。

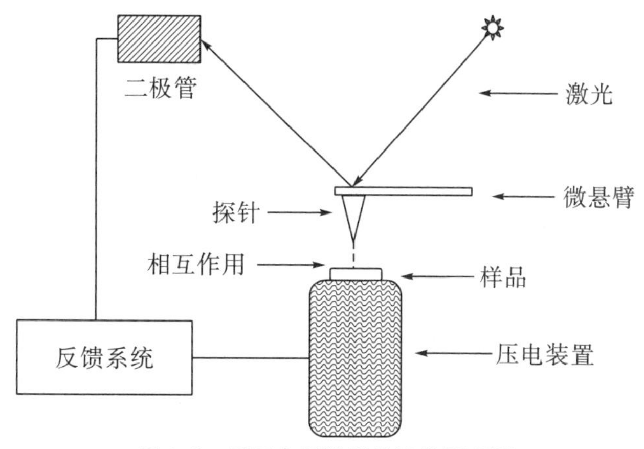

图 4.1　原子力显微镜的结构原理图

微悬臂弹性形变量是通过光电二极管测量微悬臂背面反射出的红色激光光点的位置变化得到的，反馈系统根据激光光点位置的偏移量调节样品台高度，以此控制激光光点偏移量恒定（即探针与样品间作用力恒定）。系统根据样品台高度的变化逆推得到样品表面形貌数据。

原子力显微镜常用两种工作模式：接触式扫描和轻敲式扫描。

在接触式扫描过程中，探针始终接触样品表面，通过反馈系统改变样品与探针针尖间距，以保证样品与探针接触时针尖与样品的接触力始终保持恒定，从而推算出样品表面的形貌图，即高度图。在接触模式中，可通过测定力曲线来获得复合材料试样中特定位置或者特定点上材料的力学性质，如黏结力、弹性模量、接触力等。[1]设定合适的恒定力值是接触式扫描得到高质量图像的关键。样品的成分、软硬度不同，探针对样品表面的响应程度也不同。较硬的材料可以设定较小的恒定力值，恒定力值过大，样品会戳伤针尖。接触式扫描在观测样品表面形貌时的最大缺陷是会划伤样品表面，同时还会造成针尖污染，影响下一次测试。但这种缺陷却在材料表面纳米尺度的机械加工、表面改性方面成为优势。目前，接触式扫描技术的应用已经扩展到微纳米加工制造业中，而不再作为单纯的测试与表征方法。

在轻敲式扫描过程中，探针以一定频率在样品表面上下振动，每个振动周期探针都会敲击样品表面一次。在接触样品和远离样品时，受相互作用力影响，探针振动频率会发生变化。反馈系统根据频率的变化调整探针针尖与试样间距，以保持作用力恒定，再推算出样品表面形貌数据（高度图）。相比于接触式扫描，轻敲式扫描作用力小（$0.1\times10^{-9}\sim1\times10^{-9}$ N），且时间短，对样品表面产生的损伤远小于接触式扫描。轻敲模式更适合聚合物或者生物组织等较“软”的样品。轻敲模式还能根据微悬臂驱动信号与自身实际振动信号的相位差来表征材料的物理性质，如黏弹性、软硬度、结合力、表面成分等，这种信号称为相图。当样品表面高度没有太大起伏，但组分差异较大时，用相图更能表现出材料表面的结构与成分信息。

2. 原子力显微镜操作注意事项

（1）安装、拆卸探针时要注意探针朝外，避免碰伤或者损坏。

（2）操作时按照仪器操作规程进行。注意先开机再开激光电源，关机顺序相反。

（3）原子力显微镜在安装和使用时须做好防震措施（如气浮防震），轻微的震动都会造成图像抖动而影响成像质量。

（4）原子力探针属于耗材且费用较贵，在使用时应该注意操作规则，不能随意调整测试参数，以免损坏探针。

（5）严格按照仪器使用要求定期校准。

（6）严格按照仪器操作规程进行操作。

4.2　原子力显微镜观察材料微观结构

1. 实验目的

(1) 了解原子力显微镜的原理。
(2) 掌握原子力显微镜观察材料表面形貌的方法。
(3) 掌握原子力显微镜表征共混物微观结构的方法。
(4) 掌握原子力显微镜测量材料片层厚度的方法。
(5) 掌握软件的使用方法，学会利用软件分析计算样品表面高度。

2. 实验步骤

(1) 试样准备。

固体样品：薄膜、纤维、片材以及块状物须保证观察面光滑平整，可用超薄切片或者抛光等方法将样品表面处理平整。若超薄切片的刀具以及抛光材料选择不合适，则会在样品表面留下刀痕，影响观测效果。

溶液样品：滴在平整的基板上（如硅片、云母、石墨），用旋转涂膜或干燥成膜的方式制成表面光滑的薄膜，将基板和薄膜一起放置在原子力显微镜的样品台上进行观察。

特殊样品：如已经具有纳米图案的样品，将其表面处理干净则可直接用原子力显微镜观测。

对于上述样品，无论是导体、半导体还是绝缘体，均可用原子力显微镜进行测试，只要样品表面光滑平整即可。

注意：不可放置比样品台大的样品，且厚度一般不超过 10 mm。

(2) 参数设置要求。

扫描范围：样品待测区间的面积大小。

Set Point：Set Point 反映的是探针与样品的距离。在接触模式下，设定值越大，施加在样品上的力就越大，探针与样品就靠得越紧。

扫描速率：探针扫描速率越快，耗时越短。表面光滑平整的样品可用高扫描速率；表面起伏较大的样品采用低扫描速率。扫描速度过高，则会出现跳帧的现象。通常将扫描速率设定在 0.5～2 Hz 之间。

振幅设定比：振幅设定比是只在轻敲模式下设定的参数，也是重要的反馈参数之一。设定振幅 A_{sp}与微悬臂固有振幅 A_0之比为振幅设定比 r_{sp}。不同密度区域对振幅设定比几乎都具有正相位差，通常 r_{sp}在 0.4～0.5 之间，不同组分的相位差最大。针对聚合物本身特有的黏弹性，利用相位差（相图）是表征共混物成分分布的有力工具。

积分增益（Integral Gain）：积分增益表示系统反馈速度。积分增益越大，系统响应越快，对微小细节也能清晰成像。积分增益过大，会造成噪音增加，成像质量变差；

积分增益过小，则会对样品表面细节反馈不够灵敏。

比例增益（Proportional Gain）：比例增益每次调节的大小一般不超过积分增益的一半。

（3）样品安置。

先将探针高度调至最高，再将样品放置到样品台上。

（4）测试步骤。

确定原子力显微镜平台处于良好防震状态。实验前需按照仪器校准方法和标准进行校准。实验开始时先将探针安装在探针支架上，安装完成后检查并确保探针没有倾斜或不稳定。用惰性气体将样品表面吹干净，并放置到样品台上。打开测试软件，设定所用探针类型和对应的扫描参数。将探针移动至测试点位，打开激光，调节激光位置使其准确对准探针顶部。选择扫描模式并设定相应参数，包括扫描范围、扫描速率（根据扫描类型而设定）、Set Point、积分增益、比例增益等。设定完毕后让仪器自动寻找探针的共振频率，然后缓慢下降探针直至接触到样品。打开探针监视窗口进行测试，测试完成后得到样品的高度图，保存数据。测试完毕后先关闭激光光源，再关闭主机和电脑。

3. 谱图及数据分析

见参考实例。

4.3 参考实例

1. 聚苯乙烯/聚乳酸共混物微观结构表征

（1）样品：聚苯乙烯、聚乳酸、甲苯、云母片。

（2）实验目的：掌握原子力显微镜表征及分析共混物微观结构的方法。

（3）仪器设备：①原子力显微镜（日本精工电子有限公司，SPI400/SPA40）；②匀胶机。

（4）样品制备：将聚苯乙烯和聚乳酸按一定比例溶解到甲苯溶液中，把溶液滴到云母片上，将云母片吸附在匀胶机转盘上，以 3000 r/s 的速度旋转涂膜，旋转 60 s 后取下已经覆盖薄膜的云母片。将覆盖薄膜的云母片放置到原子力显微镜的样品台上。

（5）参数设置：敲击模式，扫描速度 1.0～2.0 s^{-1}，积分增益 0.3，比例增益 0.1，奥林巴斯探针弹性常数 51.2～87.8 N/m。

（6）谱图及数据分析。

图 4.2 为聚苯乙烯/聚乳酸共混物的原子力显微镜测试结果。①高度图：整个样品表面高度起伏变化并不明显，两相间没有明显的高低分界面。②相图：表现出明显的两相结构。由此可见，对于高低起伏并不明显，但组分间软硬程度不同的样品，可用相图表征成分分布。

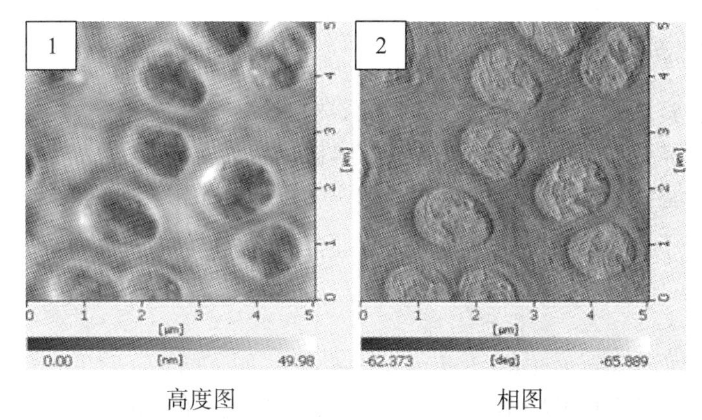

图 4.2　**聚苯乙烯/聚乳酸共混物的原子力显微镜照片结果**

注：图中线条颜色从深到浅的变化对应样品高度或者相位角从低到高的变化。[2]

2. 氧化石墨烯片层厚度的测定[3]

（1）样品：氧化石墨烯水溶液、云母片。

（2）实验目的：掌握原子力显微镜对材料片层形貌的测定方法和相关分析软件的应用。

（3）仪器设备：①原子力显微镜（日本精工电子有限公司，SPI400/SPA40）；②匀胶机。

（4）样品制备：将氧化石墨烯水溶液滴到云母片上，旋转涂膜。将云母片放到原子力显微镜的样品台上。

（5）参数设置：敲击模式，扫描速度 1.0～2.0 s^{-1}，积分增益 0.3，比例增益 0.1，奥林巴斯探针弹性常数 51.2～87.8 N/m。

（6）谱图及数据分析。

图 4.3 为氧化石墨烯片层高度图，左侧为层状氧化石墨烯片沉积在云母基体上的形貌图。对画线区域进行高度测量，得到该区域内石墨烯层状材料的高度走势曲线（图 4.3 右上方），对应的片层厚度（图中表格，用 ΔZ 表示）在 1.0～1.2 nm 之间，根据氧化石墨烯理论高度 1 nm 可知，该谱图显示测试的氧化石墨烯为单片层结构。

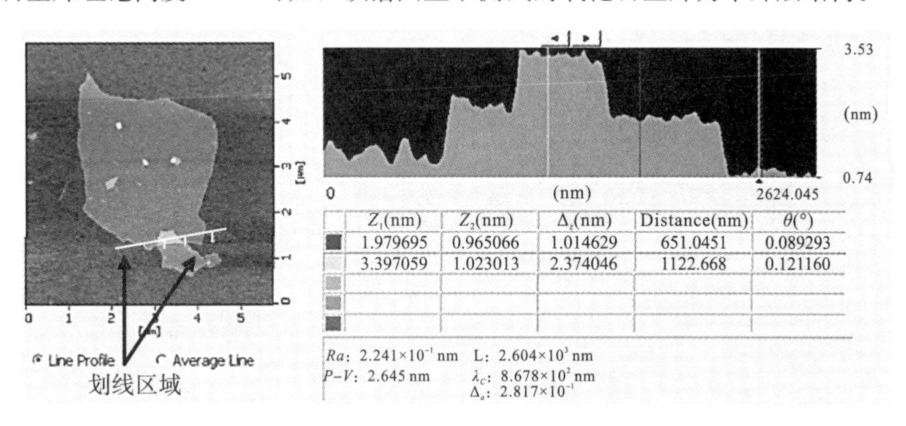

图 4.3　**氧化石墨烯片层高度图**

3. 实验报告撰写要求

（1）撰写实验目的、测试原理、实验仪器构造。

（2）撰写制样过程、仪器参数设置、基本操作步骤。

（3）分析实验结果，用高度图和相图来说明测试样品中样品的组分分布。

（4）掌握并计算样品表面的高度差。

（5）回答思考题。

4. 思考题

（1）请描述自己在试验中对实验原理、实验操作过程的理解，对实验结果准确程度的判断，自己的体会以及对该实验的经验积累，总结该类型实验中应该注意的问题，如何改进提高?

（2）通过自学掌握样品表面高度差或粗糙度的计算方法，测试计算样品表面的粗糙度。

（3）针对聚合物样品，应该如何选择探针弹性模量?在什么范围比较合适?

（4）在实验过程中改变积分增益、比例增益参数，分析设置不同参数对测试结果有什么影响。

（5）如果两相结构的相图和高度图差异均不大，如何从原子力制样方法或其他观察及表征方法区分材料的两相结构?

参考文献

[1] 杨序刚，杨潇．原子力显微术及其应用 [M]．北京：化学工业出版社，2012.

[2] MENG M，ZHOUKUN H，JINGHUI Y，et al. Vertical Phase Separation and Liquid-Liquid Dewetting of Thin PS/PCL Blend Films during Spin Coating [J]. Langmuir，2011，27 (3)：1056−1063.

[3] TIANNAN Z，FENG C. A simple and efficient method to prepare graphene by reduction of graphite oxide with sodium hydrosulfite [J]. Nanotechnology，2011，22 (4)：045704.

第5章　材料晶体形貌的表征及分析方法

5.1　偏光显微镜

1. 偏光显微镜的基本原理及使用特点

偏振光照射到各向异性的晶体上时会分解成两束光，两束光沿不同方向折射出晶体的现象称为双折射，它们的电矢量方向互相垂直。由于两个方向上的两束光的速率不等，对应的折射率不同，存在相位差，则会产生干涉现象。

结晶聚合物材料的使用性能（如光学透明性、机械性能等）与材料内部的结晶形态、晶粒大小及完善程度有着密切的联系。偏光显微镜可以观察几微米以上的晶体；小于几微米的晶体，可采用电子显微镜或小角光散射法进行观察和分析。此外，偏光显微镜还可用于表征微米尺度下混合物中的相结构、纳米填料分散情况等信息。

球晶是聚合物结晶中最常见的晶体形式，另外还有单晶、树枝晶、纤维晶以及伸直链晶体等多种形态。球晶是从晶核开始，以相同的速率同时向周围空间各个方向生长的，球晶分子链（c 轴）往往垂直于球晶半径方向生长，b 轴或 a 轴沿球晶半径方向生长，造成垂直于半径和平行于半径的两个方向的折射率不同。在正交偏光显微镜下呈现“黑十字”消光的现象（图 5.1），这是聚合物球晶的特有现象。研究表明，固定起偏器和检偏器位置不变，旋转样品，“黑十字”的位置不发生变化，这说明球晶的所有半径单元在结晶学上是等价的。[1]

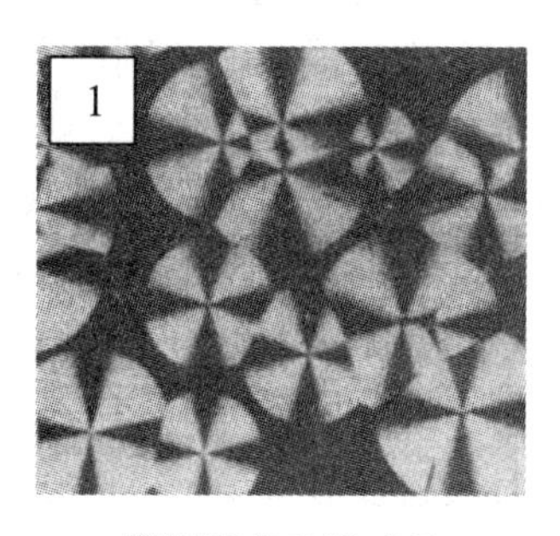

等规聚苯乙烯球晶

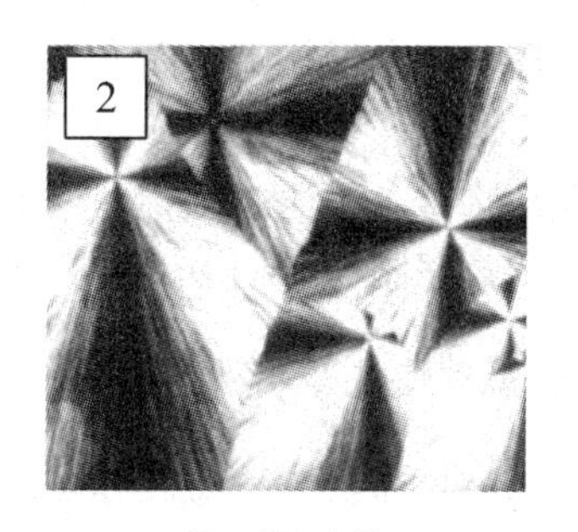

聚丙烯球晶

图 5.1　偏光照片

偏光显微镜（Polarized Light Microscope，PLM）的基本结构如图 5.2 所示。从下至上（按照光线通过的路径）分别是显微镜底座、光源、起偏器、载物台（放置样品）、物镜、检偏器、目镜、CCD 取景器。由光源发出的自然光经起偏器变为线偏振光，照射到晶体样品上，经过晶体的双折射后，这束光被分解为振动方向互相垂直的两束线偏振光。其中平行于检偏方向的偏振光才能通过检偏器被观察到，产生“黑十字”消光现象。

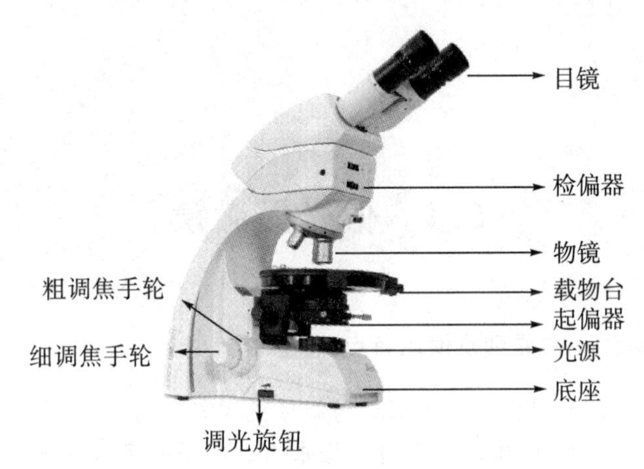

图 5.2　偏光显微镜的基本结构

图片来源：徕卡显微系统（上海）贸易有限公司。

观察者通过目镜观察图像，目镜的放大倍率一般为 10 倍，具有调焦功能，可适应观察者眼睛的不同焦距。

一般物镜的放大倍率有 5 倍、10 倍、20 倍、50 倍、100 倍，如果用其他介质作为折光材料，物镜的放大倍率可达到 500 倍，甚至高达 1000 倍。放大倍率越高，单位面积内进入视野的光强越少，图像亮度越低。显微镜中安装的物镜都是共焦物镜，即所有物镜的焦点都是空间上同一个点，因此，切换物镜后无须再次对焦。样品的放大倍数为目镜放大倍数乘以物镜放大倍数。

起偏器含有偏振片，可将入射光改变成线偏振光。偏振片既能够使自然光变成线偏振光，也可用来检查线偏振光，用于检查时称之为检偏片，对应的组件称为检偏器。例如，两个串联放着的偏振片，靠近光源的是起偏片，远离光源的是检偏片。当两者的振动方向平行时，透过的光强最大；而当它们的振动方向垂直时，则没有光透过，该状态为“正交偏振”。

样品放置在载物台上，通过载物台调节高度，从而对样品观察区域对焦。

偏光显微镜的数据图像可用 Image-Pro Plus* 等专业图像处理软件进行处理。

2. 偏光显微镜操作注意事项

（1）设备使用环境需防尘、防震和防潮，环境温度在 0℃～40℃之间。

* 参考 Image-Pro Plus 软件官网公布的指导教程。http://www.mediacy.com.cn/cn/index/。

（2）先用粗调焦手轮将样品高度调至接近焦点位置，再用细调焦手轮缓慢将样品对焦。速度不可过快，调节幅度不宜过大，以防样品碰触到镜头，损伤或者弄花镜头。

（3）当样品靠近物镜焦点位置时不要切换物镜，以免划伤物镜。

（4）亮度调整切忌忽大忽小，不可过亮，一是会缩短灯泡的使用寿命，二是会损伤观察者的视力。

（5）严格按照仪器使用要求定期校准。

（6）严格按照仪器规程操作进行操作。

5.2　偏光显微镜观察材料结构形态

1. 实验目的

（1）了解偏光显微镜的原理。

（2）掌握偏光显微镜观察材料结构形态的具体方法。

2. 实验步骤

（1）试样准备。

透明或半透明的薄片样品均可用于偏光显微镜观察。样品太厚、不透光需进行超薄切片处理。对于可熔融或可溶解的样品，采取熔融压制成薄片或者溶液涂膜干燥的方法制样。对于不能破坏内部结构、本身不能溶解或者熔融的样品可采取打磨抛光、超薄切片等方法制样。

（2）参数设置要求。

根据需求选择放大倍率。如使用热台附件需设定热台升温程序。

（3）样品安置。

样品放置在样品台中心。使用热台或其他附件时，要先将制备好的样品放置在附件载物台中心的透光孔处，再将附件放置到显微镜的载物台上。

（4）显微镜目镜分度尺标定。

把带有分度尺的目镜插入镜筒内，将显微尺放在载物台上。显微尺长 1.00 mm，等分 100 格，每格为 0.01 mm。在显微镜视野内调节两尺基线重合，若分度尺 50 格正好与显微尺 10 格相等，则目镜分度尺每格相当于 $0.01\times10/50=2\times10^{-3}$ mm。在实际测量时，读出被测物体所对应的分度尺格数，再乘以分度尺对应的实际长度就可知实物大小。

（5）测试步骤。

打开光源开关，调节亮度至肉眼感觉舒适为宜。安装起偏片，调节检偏片方向，使光路全黑，此时上下偏振片正交。将装有样品的热台放置在载物台上，用肉眼在显微镜旁侧观察，把样品移至很靠近镜头的位置时停止，切不可碰到镜头。旋转细调焦手轮使载物台下降，在载物台下降过程中通过目镜观察，直至出现清晰图像。开启热台升温程序，在结晶温度下观察样品的结晶情况，计算球晶的增长速率。实验完毕后，先将光源亮度调至最低，再关闭光源，盖好目镜罩。

3. **谱图及数据分析**

见参考实例。

5.3 参考实例

1. **聚合物晶体形貌表征**

（1）样品：聚丙烯颗粒。

（2）实验目的：掌握利用偏光显微镜观察球晶生长、计算球晶生长速率，掌握Origin软件的使用方法。

（3）设备及附件：德国徕卡光学显微镜［徕卡显微系统（上海）贸易有限公司］，控温热台［英国Linkam THMS600热台］。

（4）样品制备：将少许聚丙烯颗粒放在盖玻片上，在200℃的电炉上熔融压制成薄膜，然后冷却至室温。

（5）程序设定：以100℃/min升温至200℃，恒温5 min待聚丙烯完全熔融，再以100℃/min降温至135℃并保持恒定，开始计时，等待聚丙烯结晶，当小球晶出现时，选取某一晶核，每隔一分钟拍摄一张该球晶的照片，共拍摄8～10张。

（6）参数设置：目镜10倍，物镜50倍，正交偏光模式。

（7）谱图及数据分析。

图5.3为偏光显微镜拍摄的聚丙烯球晶生长过程的照片，编号1～8的照片显示聚丙烯球晶从恒温第二分钟起，每分钟球晶的变化情况。用Image-Pro Plus软件测量每张照片中聚丙烯球晶直径，见表5.1。

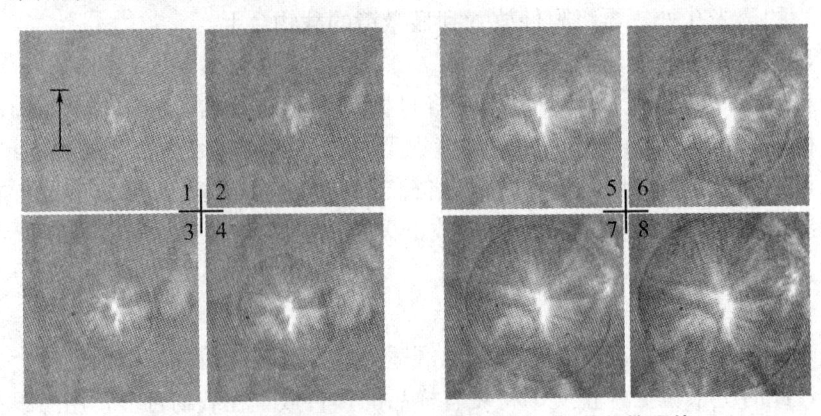

图5.3 偏光显微镜拍摄的聚丙烯球晶生长过程的照片

表 5.1 不同等温时间下聚丙烯球晶直径

等温结晶时间（min）	2	3	4	5	6	7	8	9
球晶直径（mm）	0.025	0.031	0.037	0.044	0.051	0.057	0.062	0.071

观察晶体，发现晶体中有十字消光现象，但消光现象不明显，说明聚丙烯样品在结晶过程中的片晶生长不是非常有序。

计算球晶增长速率：$(D_9-D_2)/7=(0.071-0.025)/7=0.0065$ mm/min。也可用 Origin 数据处理软件拟合球晶增长速率*，得到拟合球晶增长速率曲线，如图 5.4 所示，拟合直线斜率为 0.00648，即球晶生长速率。

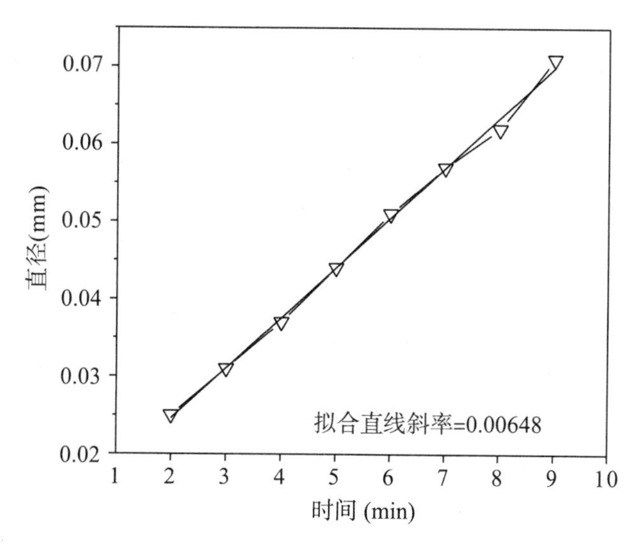

图 5.4 利用 Origin 数据处理软件拟合的球晶增长速率曲线

2. 实验报告撰写要求

（1）撰写实验目的、测试原理、实验仪器构造。

（2）撰写制样过程、仪器参数设置、基本操作步骤。

（3）撰写球晶增长速率的测定以及具体计算过程。

（4）回答思考题。

3. 思考题

（1）请描述自己在试验中对实验原理、实验操作过程的理解，实验结果准确程度的判断，以及自己的体会和对该实验的经验积累，总结该类型实验中应该注意的问题，如何改进提高？

（2）如何避免在制样中混入气泡？

（3）如果使用的基板分子与样品分子有相互作用（斥力或者吸附力），请问在等温

* 参考 OriginLab 官网公布的指导教程。http://www.originlab.com/doc/Tutorials/。

结晶过程中晶型会发生什么样的变化？

（4）样品压制不宜过厚或者过薄的原因是什么？

（5）在该实验中，影响球晶生长和最终球晶尺寸的因素有哪些？

（6）对于样品不能熔融压制成薄片的，可用反射偏光模式观察表面，请查阅资料思考反射偏光显微镜的观察原理，如何用反射偏光显微镜观察样品？

（7）观察聚合物晶体还可以用哪些方法表征？

（8）球晶的“黑十字”消光现象出现的原因是什么？

（9）根据偏光显微镜原理，尝试说明偏光眼镜或者3D眼镜的构造原理。

参考文献

[1] 何曼君．高分子物理［M］．上海：复旦大学出版社，2000．

第二部分　材料化学结构表征及分析方法

第6章　材料表面元素定性及定量分析

6.1　能谱仪

1. 能谱仪的基本原理及使用特点

能谱仪（Energy Dispersive Spectrometer，EDS）是用来分析和计算材料微区中元素种类、分布及含量的重要仪器，测试时需配合扫描电子显微镜或透射电子显微镜一起使用。能谱仪可以测定样品表层到内部几个立方微米空间内的元素组成和分布，这些信息与扫描电子显微镜或者透射电子显微镜表征的样品微观形貌联系起来，作为分析样品的组成及分布、晶粒形貌分布及其元素构成、杂质和缺陷分布、界面结构等信息的依据。因此，扫描电子显微镜或透射电子显微镜与能谱仪联用是目前研究材料微观结构与宏观性能关系的一种重要测试方法。

能谱仪的测试原理：电子束轰击样品特定区域，激发样品表层原子产生特征X射线。特征X射线频率υ和原子序数z遵循莫塞莱（Moseley）定律：

$$\sqrt{\upsilon}=K(Z-\sigma) \tag{6.1}$$

式中，υ为特征X射线频率，$\upsilon=E/h$，E为特征X射线光子能量，h为普朗克常数；Z为原子序数；σ和K分别是与X射线发生谱线相关的常数。

根据莫塞莱定律，通过测量光子能量可以确定样品中元素的原子序数。X射线的强度为元素定量分析的依据。能谱仪的测试范围一般从铍（Be）到铀（U），可覆盖绝大多数金属、非金属、有机材料中的元素种类。氢和氦只有K层电子，不产生X射线，锂元素产生的X射线能量太低，因此，这三种元素无法用能谱仪测试。

能谱仪的主要部件就是探头，牛津仪器公司研发出面积为150 mm^2的SDD探头，相比传统的Si（Li）探测器有较高的能量分辨率，前者约为125 eV，后者约为130 eV；加之探头面积大，计数率高，测试效率也较传统Si（Li）探测器有所提升。

2. 能谱仪操作注意事项

能谱仪属于扫描电子显微镜或透射电子显微镜附件，操作过程中需遵守扫描电子显微镜或者透射电子显微镜的操作及使用要求，并按照能谱仪规定的操作步骤进行测试。

6.2 能谱仪测定材料中元素的种类及分布

1. 实验目的

(1) 了解能谱仪测试原理。

(2) 掌握能谱仪测试元素种类和分布的方法。

(3) 掌握元素定量分析方法。

2. 实验步骤

(1) 试样准备。

对样品表面形貌没有特殊要求，能够满足扫描电子显微镜或者透射电子显微镜的样品均可用于能谱仪测试。但试样不应小于电子束能够激发样品产生 X 射线的体积，电子束能量越大，样品的体积就要求越大。保证样品干净、无污染。样品表面需要镀金属膜或者镀碳膜，以保证样品表面具有良好的导电性和导热性。良好导电性是为了传送多余电荷；良好导热性是为了及时散发电子轰击时在样品表面产生的热量，防止样品因受热发生物性改变。

根据 EDS 成分定性定量标准分析方法，测试前一般须先镀 20 nm 的碳导电膜，因此，针对有机样品，用能谱仪是无法定性和定量分析碳元素含量和分布的。定量分析要求试样观测面平整，不够平整的样品会增加分析误差。对于断口、表面形貌高低起伏大的样品，定量分析仅可为参考。[1]对于导电样品，可以不采取喷金处理。

(2) 参数设置要求。

加速电压：电子入射的深度随加速电压的增加而增大，轰击电子越多，产生的特征 X 射线强度越大，但样品内部激发出来的 X 射线穿出样品时被吸收的程度也随之增加。只有选择合适的电压才能获得较高的 X 射线强度。原子序数小于等于 11 的轻元素一般选择 5～10 kV 的加速电压；原子序数在 11～30 之间的元素选择 15～20 kV 的加速电压；原子序数大于 30 的元素选择 20～25 kV 的加速电压。

束流：束流是从电子枪中射出的电子束流。在保证获得足够的 X 射线强度时，尽可能使用较小的束流，避免束流过大而烧坏样品，出现图像失真等情况。当进行痕量元素和轻元素分析时，可考虑使用大束流来加快分析速度，提高测试结果的准确度。

分析时间：①死时间，即系统处理一个脉冲后恢复到处理下一个脉冲的时间；②活时间，即检测脉冲中的 X 射线光子的时间。在测量低含量元素时，应该用足够长的活时间；对于导电性不良和容易被电子束损伤的样品，测试时应该减小活时间。

(3) 样品安置。

装载样品的方式按扫描电子显微镜或者透射电子显微镜的要求进行。

(4) 测试步骤。

测试前应先进行校准，再按照扫描电子显微镜步骤装载样品，开机，打开控制软件，抽真空。对样品进行微区扫描电子显微镜观察，确定大致的测定区域。打开能谱仪测试软件，选择采集模式，输入样品名称，选择镀膜类型，选择二次电子探测器成像，锁定感兴趣的区域，采集谱图，得到元素谱峰信息。

3. **谱图及数据分析**

能谱仪在测试过程中会一次性接收所有元素信号，软件会自动完成元素定性及定量分析。

（1）定性分析。

软件根据峰强度、出峰位置对谱峰进行自动谱峰鉴定，识别出谱图中可能含有的元素。

（2）定量分析。*

选取标样须至少含有一种合金（如 Fe－Cr－Ni 多元素合金）和一个硅酸盐矿物（如镁铝榴石、橄榄石等）或玄武玻璃样品。将样品中某一元素产生谱峰的 X 射线强度扣除背底后，除以纯元素谱峰的 X 射线强度。当没有纯元素而用化合物作为参考物质时，需要对参考峰进行基体校正。[2]

6.3　参考实例

1. **聚合物/金属复合材料中金属元素种类及分布测试**

（1）样品：聚氨酯/铋/锡/镍聚合物复合材料（功能性导电复合材料）。

（2）实验目的：掌握能谱仪定性分析样品元素种类及分布的方法。

（3）仪器设备：美国 FEI 扫描电子显微镜，英国牛津能谱仪。

（4）样品制备：若样品具有导电性，不做喷金处理。将样品表面洁净后用导电胶粘至样品台上，放到扫描电子显微镜样品室中待测。

（5）参数设置：扫描电子显微镜观察电压 20 kV，活时间 50 s，测试范围 0～16 kV。

（6）谱图及数据分析。

有两种方法进行元素定性分析：一是使用软件中的自动标定功能；二是人工输入可能元素、确定元素、不含有元素后进行标定，标定后得到定性结果。

图 6.1 为复合材料分散 X 射线的元素分布图和谱图，（d）图中的谱线说明样品中

---

* 牛津能谱定量分析有三种方法：①所有元素法。主要分析样品谱图中所有能激发出 X 射线并被探测到的元素，例如钢铁、合金以及原子序数在钠之前的轻元素含量可忽略不计的样品。②差额法。分析样品中除一种元素以外的其他所有元素，这种被忽略掉的元素被称为组合元素。被定为组合元素的浓度不被测量，但前提是其他元素浓度测量结果总和与 100%的差就是组合元素的浓度。这种方法用于样品中某一轻元素含量很高但又不能被检测出来，或除某一种元素外都有标准样品的情况下的定量分析。③按化学计量数之比确定元素。若样品中某一元素以固定的化学计量比同其他所有元素化合，则可以用其他元素的浓度计算出该元素的浓度。

确实含有镍、锡、铋三种金属，同时还检测到含有铅元素。在如（a）～（c）图所示的元素分布图中，三种亮点分别代表三种不同的金属。若亮点分布均匀，说明金属在聚合物基体中的分散均匀，表明加工工艺可以使金属在聚合物中分散均匀。

根据镍、锡、铋的金属标样，采用外标法计算各金属元素的含量。

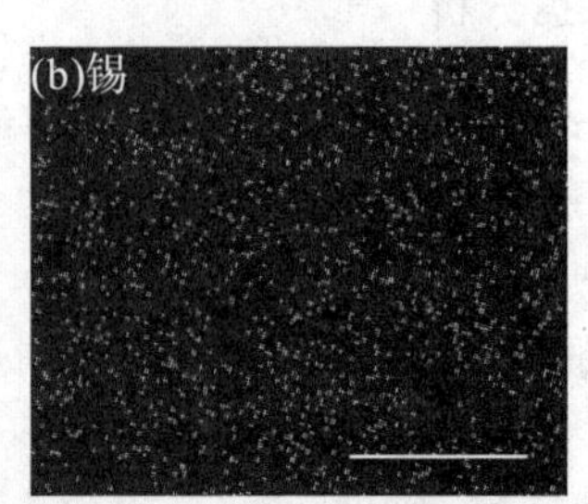

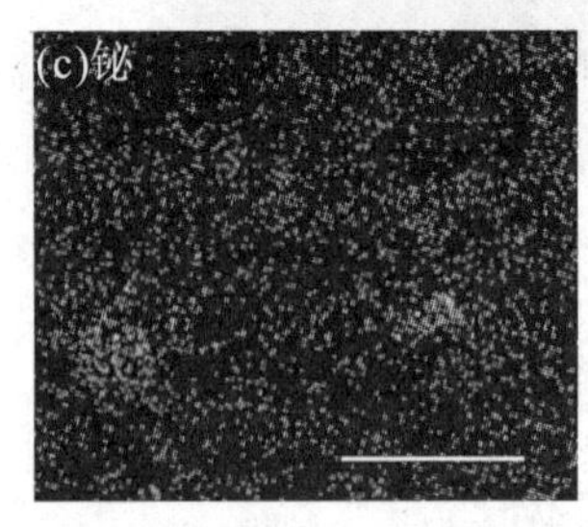

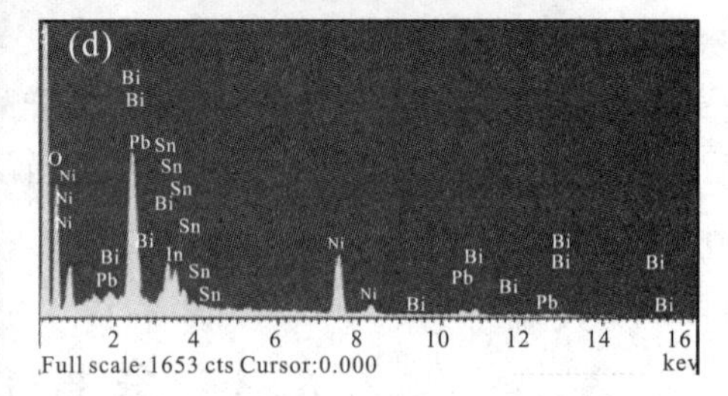

图 6.1　复合材料能量分散 X 射线的元素分布图和谱图[3]

注：图中的亮点分别代表镍、锡、铋三种金属。比例尺是 50 μm。

2. **实验报告撰写要求**

（1）撰写实验目的、测试原理、实验仪器构造。

（2）撰写制样过程、仪器参数设置、基本操作步骤。

（3）分析实验结果，计算试样表面元素含量和分布。

（4）回答思考题。

3. **思考题**

（1）描述自己在试验中对于实验原理、实验操作过程的理解，对于实验结果准确程度的判断，自己的体会以及对该实验的经验积累，总结该类型实验中应该注意的问题，如何改进提高？

（2）为什么 EDS 定性定量分析必须镀碳导电膜？

（3）请思考在何种情况下需要采用低束流测试。

（4）请查阅资料，阐述对于轻元素，除了能谱外还有哪些有效方法能够进行定性及定量分析，其测试原理是什么？

参考文献

[1] 中华人民共和国国家质量监督检验检疫总局. GB/T 25189—2010　微束分析　扫描电镜能谱仪定量分析参数的测定方法 [S]. 北京：中国标准出版社，2011.

[2] 中华人民共和国国家质量监督检验检疫总局. GB/T 17359—2012　微束分析能谱法定量分析 [S]. 北京：中国标准出版社，2011.

[3] LIN L，HUA D. Modified resistivity-strain behavior through the incorporation of metal in conductive polymer fibres containing carbon nanotubes [J]. Polymer International，2012 (62)：134－140.

第7章 材料化学结构的表征及分析方法

7.1 显微共聚焦激光拉曼光谱仪

1. 显微共聚焦激光拉曼光谱仪的基本原理及使用特点

拉曼光谱（Raman Spectra）产生的原理：激光照射样品分子，分子吸收入射光子的能量被激发到高能态（虚态），高能态不稳定，释放出光子跃迁到较低能态。如果分子跃迁回的低能级是原来的能级（能级 n），那么吸收的光子频率和释放的光子频率一致，产生瑞利（Rayleigh）散射，是一种弹性散射。如果分子跃迁回的能级比原来的能级高（能级 m），那么释放的光子频率比吸收的光子频率低，此时产生的散射叫作斯托克斯拉曼散射，简称拉曼散射。也有分子本身已经处在较高的能级 m，吸收光子再跃迁回能级 n，其中释放光子的频率高于吸收光子的频率，此时产生的散射叫作反斯托克斯拉曼散射。瑞利散射是一种强散射，斯托克斯拉曼散射相比于瑞利散射信号强度则非常弱，大约每 10^6～10^8 个光子中会有一个光子产生斯托克斯拉曼散射，而反斯托克斯拉曼散射的强度更低。斯托克斯拉曼散射光和反斯托克斯拉曼散射光的拉曼位移的绝对值相等，对称分布在瑞利线的两侧。

拉曼光谱可对材料的组成、成分分布、分子结构、相组分、结晶结构以及取向结构进行分析。在矿物质及宝石鉴定等领域有着广泛的应用。其特点主要有三个方面：①直接检测样品表面发出的拉曼信号，属于非接触式和破坏性测试，样品无须进行其他处理；②固态、液态、气态样品均可进行拉曼测试；③显微共聚焦功能对样品深度方向进行分析，获得材料在一定深度内的三维结构谱图，分辨率在 1～2 μm 之间；④偏振拉曼附件可定性和定量分析材料晶区取向结构；⑤对水分子不敏感，测试样品时无须考虑环境中水分对结果的影响。[1] 因此，拉曼光谱可以测试含水样品或者以水为溶剂的样品，这是与红外光谱测试的最大区别。

拉曼光谱仪的光路结构主要分为光源、显微光学系统、滤光和检测系统，如图 7.1 所示。光源发射出一束准直激光，通过显微光学系统照射到样品上，样品中的分子吸收光子后激发拉曼散射光，经滤光系统纯化后进入衍射光栅，衍射光栅把不同波段的拉曼散射光分开，由检测器检测信号，经软件处理后得到样品的拉曼光谱图。

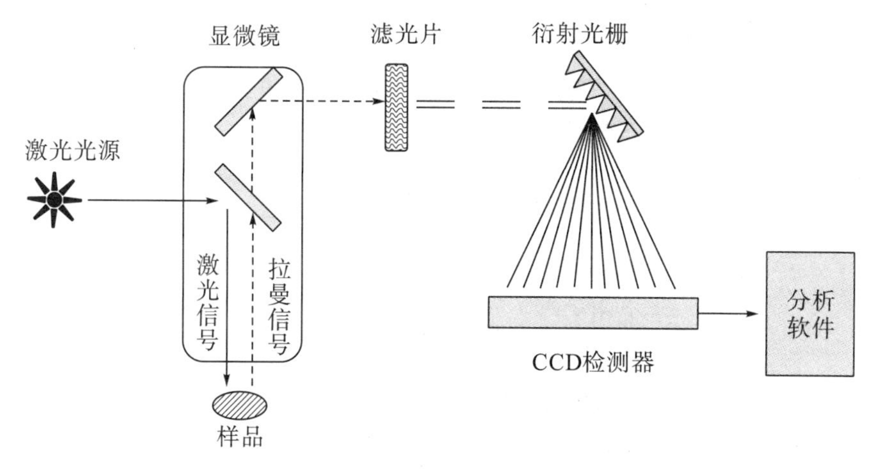

图 7.1　拉曼光谱仪的光路结构示意图

激光器提供单色性好、能量大且稳定的入射激光，通常使用的激光波长为 532 nm，638 nm 和 785 nm。前两种激光波长短、能量大，产生的拉曼信号强，适用于无荧光产生或少量荧光产生的样品；后一种激光波长长且能量低，可以避免样品产生过强荧光，因而适用于检测易被激发出荧光的样品，但该光源激发的拉曼信号弱，需要配备灵敏度更高的检测器。

光学元件对激光及拉曼信号进行滤光、分光。滤光部件在入射光处可滤除光源中非激光频率的入射光，从而纯化入射光；在信号光路上滤除信号中大量的瑞利散射，提高拉曼信号强度。分光系统是把拉曼散射光按照波长的长短依次在空间分开，分开后的光才能被检测器检测出来，主要由衍射光栅、反光镜等部件构成。

检测系统由 CCD 检测器和计算机构成。CCD 检测器将收集的拉曼信号转换成电信号输入计算机，通过软件分析处理后输出拉曼光谱图。

2. 拉曼光谱测试技术

（1）显微共聚焦技术。

显微共聚焦技术提升了拉曼光谱的空间分辨率。平面空间分辨率由显微技术提高到微米级；轴向空间分辨率通过共聚焦技术提高到微米级。共聚焦拉曼光谱技术能有效地对复合材料微米级相区、多层次结构、表面涂覆层、矿物宝石的内包裹体等进行分析、鉴定和解析。

图 7.2 为拉曼光谱共聚焦技术原理示意图，表明了共聚焦技术提高轴向分辨率的原理。当激光入射到样品内时，深度不同的三个位置（A，B，C）均产生拉曼信号（分别对应虚线、实线、短横线），这些混合的拉曼信号通过显微镜物镜后聚焦在不同的高度。由于受共聚焦针孔的限制，只有焦点落在共聚焦针孔处的拉曼散射光才能在 CCD 检测器上聚焦成像，得到该处（B）样品的拉曼光谱数据。其余深度产生的拉曼散射光由于焦点不在共聚焦针孔处而无法在 CCD 检测器上聚焦成像。调节共聚焦针孔的大小，可以提高轴向空间的分辨率以及精确度，共聚焦针孔越小，拉曼信号的空间分辨率越高，但光通量就越低，信号强度越弱，所以在实际测试中并不是共聚焦针孔越小越好，

而要根据样品产生的信号强度设定。

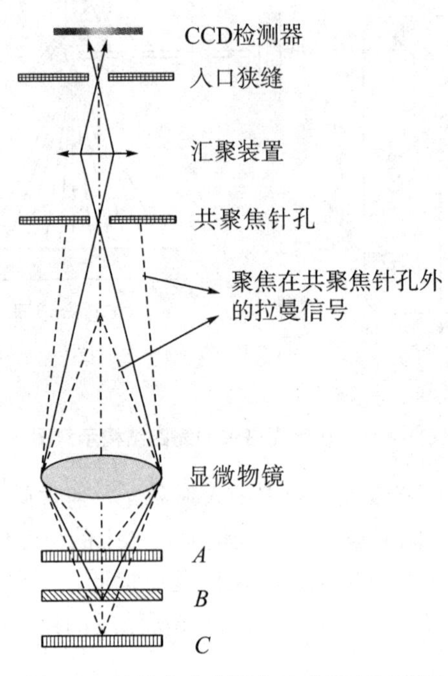

图 7.2　拉曼光谱共聚焦技术原理示意图

（2）偏振拉曼技术。

大多数聚合物都存在晶区和非晶区，两个区域的分子链都会产生取向，X 射线衍射可以有效地测量晶区分子链的取向，但无法测试非晶区分子链的取向度。现代研究表明，材料的宏观性能除了受晶区取向度的影响很大外，还受到非晶区分子链取向的影响。偏振拉曼光谱是表征晶区和非晶区分子链排列信息、整体分子链取向情况的有效方法。测量拉曼散射光与不同偏振情况下拉曼光的散射强度的对应关系，可以判定晶体、聚合物材料、液晶等有序材料的分子形状以及分子取向等信息。

测试方法：①在入射光路插入偏振片，将激光转变成偏振光；②在信号光路中加检偏器，测量偏振状态下拉曼散射光强度，常用的检偏器角度有 90°和 0°。图 7.3 为聚丙烯材料在不同偏振方向的拉曼光谱图。[2]

3. 拉曼光谱仪操作注意事项

（1）保证仪器放置的环境恒温（20℃）、恒湿（相对湿度小于 30%）。

（2）仪器要安装在光学平台上，避免震动而影响测试结果。

（3）保证测试环境空气洁净，无尘，无有机气体。防止空气中的杂质对谱图产生干扰。

（4）测试过程中对激光光路进行遮光处理，避免外部杂散光进入探测器干扰测试结果。

（5）操作时按照仪器操作规程进行。长时间不用时须关闭激光器，以防发生仪器损坏及其他安全事故。

（6）严格按仪器使用要求定期校准。

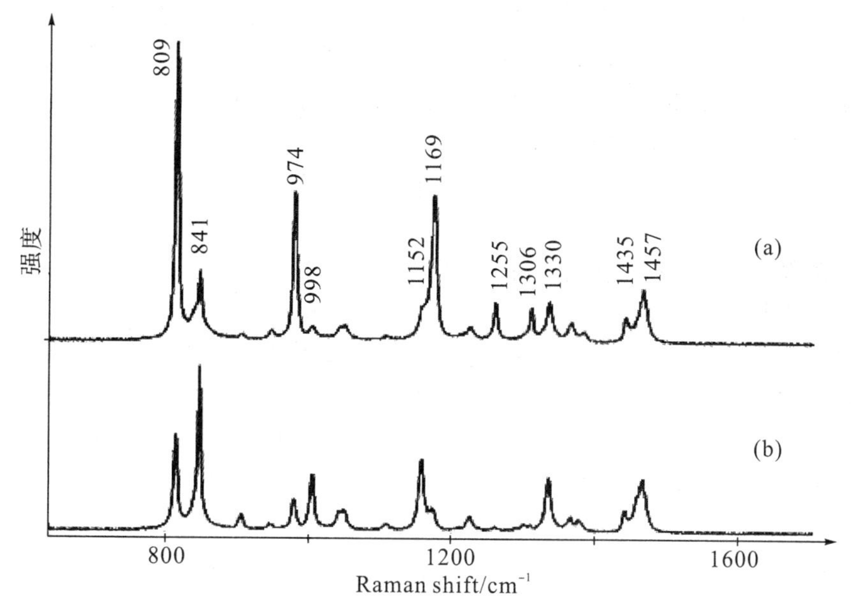

图 7.3　聚丙烯材料在不同偏振方向的拉曼光谱图

（a）激光偏振方向、纤维方向、检偏方向互相平行；（b）激光偏振方向、检偏方向与纤维方向垂直

7.2　拉曼光谱仪表征材料化学结构及材料微观结构

1. 实验目的

（1）了解并掌握拉曼光谱仪的基本构造和测试原理。

（2）掌握测试样品的基本操作，完成样品拉曼光谱测试、共聚焦拉曼表征材料结构实验和偏振拉曼测定材料取向度实验。

（3）掌握数据软件分析数据的方法。

（4）掌握官能团的特征拉曼位移，以及数据库鉴定分析材料成分。

（5）掌握共聚焦拉曼测试原理及材料结构表征方法。

（6）掌握偏振拉曼测定材料取向度原理、谱图及数据分析方法。

2. 实验步骤

（1）试样准备。

样品要有平整的表面，且样品表面积大于激光光斑的大小。

（2）参数设置要求。

激光光源：激光波长越长，能量越低。在可避开激发样品荧光的波长区间选择波长较短的激光。如果样品容易被烧坏，那么可选择波长较长的激光，或者在测试时调低激光功率。

测试时间：测试时间越长，信号强度越高，但背景强度也随之增加。

光栅刻度：光栅刻度越高，分光能力越强，谱图分辨率越高，但是覆盖光谱范围越窄。光栅尺规格中以 600 条/mm 的光栅覆盖范围最宽，但分辨率最低；2400 条/mm 的光栅覆盖范围最窄，分辨率最高。

焦长：焦长越长，谱图分辨率越高，一台仪器的焦长为固定值。

(3) 样品安置。

先将显微镜样品台的高度调至最低，再把样品放置到样品台上。

(4) 测试步骤。

依次打开电脑、光谱仪主机、测试软件、激光发射器。选择合适倍数的目镜，用显微镜对样品待观察区域聚焦。然后选择光栅尺规格，设定测试时长、激光功率、测量模式（常规模式、共聚焦模式、偏振模式）。设定完毕后开始采集谱图，保存谱图。实验结束后要先将显微镜载物台降至最底端再移除样品，然后依次关闭遮光罩、激光器、软件、光谱仪主机、电脑。

注意：拉曼取向测试要测量两次谱图，第一次调整激光偏振方向、样品方向、检偏方向三者平行，第二次调整激光偏振方向和检偏方向均与样品方向垂直。第二次调整的方法有两种：一是以激光光斑照射到样品位置为圆心旋转 90°，改变样品摆放方向；二是样品不动，同时改变激光偏振方向和检偏方向，直至与原来方向垂直。

3. 谱图及数据分析

(1) 拉曼位移计算方法。

拉曼光谱图的横坐标是拉曼散射光波长的倒数与激发光波长倒数之差，称为拉曼位移。计算公式如下：

$$\text{拉曼位移}=\frac{1}{\lambda_1}-\frac{1}{\lambda_2} \tag{7.1}$$

式中，λ_1 为激发光波长；λ_2 为拉曼散射光波长。拉曼光谱图的纵坐标是拉曼散射光的光强。

(2) 拉曼位移与化学键的关系。

不同的拉曼位移对应不同的化学键，根据位移位置可推测材料所含官能团和化学键。表 7.1 列出了常见化学键对应的拉曼位移。

表 7.1 常见化学键对应的拉曼位移

官能团/振动类型	范围（cm^{-1}）	官能团/振动类型	范围（cm^{-1}）
δ（CC）aliphatic chains	250～400	δ（CH_2） δ（CH_3）asym	1400～1470
υ（Se−Se）	290～330	δ（CH_2） δ（CH_3）asym	1400～1470
υ（S−S）	430～550	υ（C−(NO_2)）	1340～1380

续表7.1

官能团/振动类型	范围（cm^{-1}）	官能团/振动类型	范围（cm^{-1}）
υ（Si—O—Si）	450～550	υ（C—(NO_2)）asym	1530～1590
υ（Xmetal—O）	150～450	υ（N=N）aromatic	1410～1440
υ（C—I）	480～660	υ（N=N）aliphatic	1550～1580
υ（C—Br）	500～700	δ（H_2O）	～1640
υ（C—Cl）	550～800	υ（C=N）	1610～1680
υ（C—S）aliphatic	630～790	υ（C=C）	1500～1900
υ(C—S) aromatic	1080～1100	υ（C=O）	1680～1820
υ（O—O）	845～900	υ（C≅C）	2100～2250
υ（C—O—C）	800～970	υ（C≅N）	2220～2255
υ（C—O—C）asym	1060～1150	υ（—S—H）	2550～2600
υ（CC）alicyclic，aliphatic chain vibrations	600～1300	υ（C—H）	2800～3000
υ（C=S）	1000～1250	υ（=(C—H)）	3000～3100
υ（CC）aromatic ring chain vibrations	1580，1600	υ（≅(C—H)）	3300
	1450，1500	υ（N—H）	3300～3500
	1000	υ(O—H)	3100～3650
δ（CH_3）	1380		

资料来源：HORIBA Joblin Yvon 公司。

（3）取向度计算方法。[3]

①退偏比 D。

偏振拉曼光谱可以用于表征分子内部化学键振动的对称性。退偏比 D 的计算公式为

$$D=\frac{I_{/\!/}}{I_{\perp}} \tag{7.2}$$

式中，$I_{\perp}$ 是偏振方向与入射激光偏振方向垂直的拉曼信号强度；$I_{/\!/}$ 是偏振方向与入射激光偏振方向平行的拉曼信号强度。

②取向度 F。

取向度 F 的计算公式为

$$F=\frac{D-1}{D+2} \tag{7.3}$$

7.3 参考实例

1. 物相检索

(1) 样品：聚合物颗粒。

(2) 实验目的：掌握基本测试方法及谱图库检索方法。

(3) 仪器设备：显微拉曼光谱仪［雷尼绍（上海）贸易有限公司，Renishaw Invia-reflex］。

(4) 参数设置：激光光源 532 nm，光栅刻度 2400 条/mm，测试时间 10 s。

(5) 谱图及数据分析。

聚合物颗粒的拉曼光谱测试结果如图 7.4 所示，使用软件自动检索功能对谱图进行检索，根据峰型匹配程度可知该聚合物为聚乙烯。

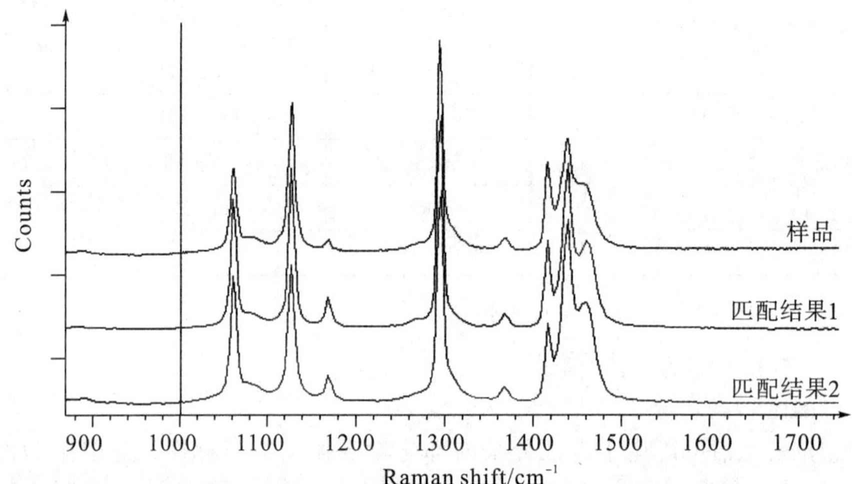

Visible	Hit	Quality	Spectrum Info	Library	Library Index
☑	1	0.943432	Polyethylene, spectrophotometric grade [PE]	polymer.lib	100
☑	2	0.927739	Polyethylene, medium density [PE] (Density: 0.940 kg/dm3)	polymer.lib	101
☐	3	0.917276	Polyethylene [PE] (Specific gravity: 0.920, Mw: Approx 4,000 g/mol)	polymer.lib	146
☐	4	0.915616	Polyethylene-graft-maleic anhydride	polymer.lib	143
☐	5	0.865625	Polyethylene, oxidized	polymer.lib	40
☐	6	0.865049	Polyethylene, chlorinated [PE-C] (25% chlorinated)	polymer.lib	36
☐	7	0.856191	Poly(ethylene-co-ethyl acrylate) [E/EA]	polymer.lib	4

图 7.4 聚合物的拉曼光谱图（第一条曲线）及匹配结果（第二、三条曲线）

图片来源：雷尼绍（上海）贸易有限公司

2. 聚合取向度测试

(1) 样品：聚丙烯纤维。

(2) 实验目的：掌握取向度测试方法。

(3) 仪器设备：显微拉曼光谱仪［雷尼绍（上海）贸易有限公司，Renishaw Invia-

reflex（配置起偏器和检偏器）]。

（4）参数设置：激光光源 532 nm，光栅刻度 2400 条/mm，测试时间 10 s。

（5）谱图及数据分析。

聚丙烯纤维拉曼光谱测试结果如图 7.5 所示，拉曼峰 809 cm^{-1}，841 cm^{-1} 和 1152 cm^{-1}，1169 cm^{-1} 是与等规聚丙烯分子链取向相关的谱峰，当聚丙烯纤维沿平行和垂直于激光偏振方向、检偏方向摆放时，测试的拉曼峰强度差异很大，这说明样品中的分子链有明显的取向排列。

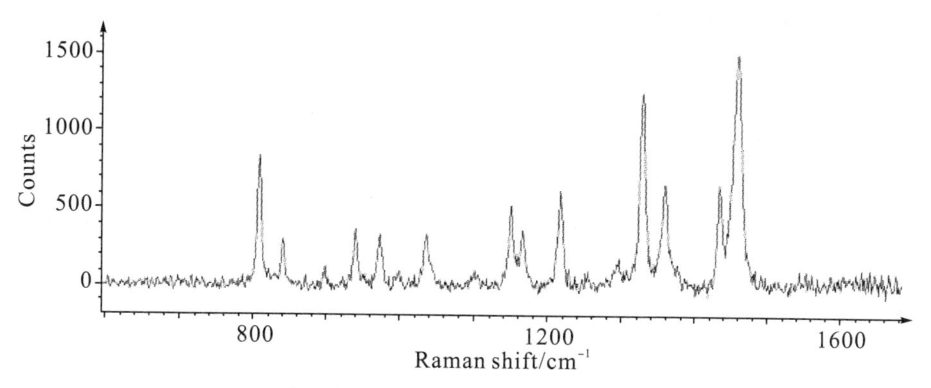

（a）激光偏振方向、纤维方向、检偏方向平行

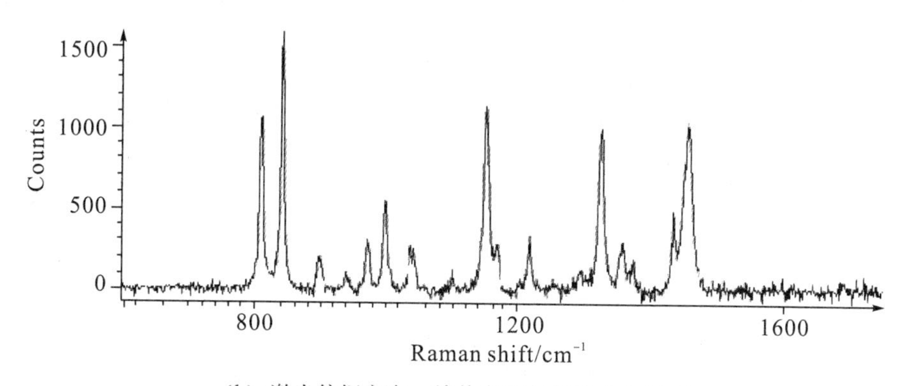

（b）激光偏振方向、检偏方向与纤维方向垂直

图 7.5　聚丙烯纤维的拉曼光谱图

计算取向度时，先选择峰强不受偏正光方向影响的拉曼峰，再对谱图进行归一化处理，带入取向度公式进行计算。也可用外标法计算样品取向度，选择具有对称分子振动模式的样品作为外标物，如 CCl_4。

3. 实验报告

（1）撰写实验目的、测试原理、实验仪器构造。

（2）撰写制样过程、仪器参数设置、基本操作步骤。

（3）撰写实验测试方法。

（4）对数据进行谱图检索分析和取向度计算。

（5）回答思考题。

4. **思考题**

（1）描述自己在试验中对实验原理、实验操作过程的理解，对实验结果准确程度的判断，自己的体会以及对该实验的经验积累，总结该类型实验中应该注意的问题，如何改进提高？

（2）影响拉曼光谱测试结果的因素有哪些？

（3）如何在扣除背景或者基线时减少人为扣除误差？

（4）若样品荧光峰很强，在不能改变激光功率的情况下，如何设定参数减小荧光背景？

（5）在取向测试实验中，为什么要保证垂直、平行方向的入射点位置要相同？如果位置不同会对测试数据有何影响？

（6）请思考内标法处理数据的具体计算方法，并计算此次试验中样品的取向度。

参考文献

［1］杨序刚，吴琪琳．材料表征的近代物理测试方法［M］．北京：科学出版社，2013.

［2］THOMAS D，OLAF H，JAN T．Confocal Raman Microscopy［M］．Berlin：Springer，2010.

［3］LI L，HUA D，et al．Towards Tunable Sensitivity of Electrical Property to Strain for Conductive Polymer Composites Based on Thermoplastic Elastomer［J］．ACS Appl．Mater．Interfaces，2013，5（12）：5815－5824.

扩展阅读

1．光谱系列丛书：拉曼光谱入门手册［EB/OL］．http://www.horiba.com/cn/scientific/products/raman-spectroscopy/faq-cn/.

2．周玉．材料分析方法［M］．3版．北京：机械工业出版社，2011.

第 8 章　傅里叶变换红外光谱的表征及分析方法

8.1　傅里叶变换红外光谱仪

1. 傅里叶变换红外光谱仪的基本原理及使用特点

傅里叶变换红外光谱（Fourier Transform Infrared Spectroscopy，FTIR）是一种分子吸收光谱，简称红外光谱，它是检测物质主要化学成分及分子构成的重要测试方法。多数有机官能团，如甲基、亚甲基、羰基、氰基、羟基、胺基等的偶极矩在振动中会发生变化，并吸收特定波长的红外光线，产生红外吸收。分子在转动和振动中也会吸收某些特定波长的红外光线，从而产生红外吸收。

红外光谱能够提供样品官能团、分子结构以及分子空间结构等方面的信息。其主要特点有以下几个方面：①测试时间短（30 s 以下），样品用量小，灵敏度高；②有透射和反射两种模式，可测试固体粉末、块体、液体、气体等不同形态的样品；③属于具有高度特征性的谱图数据，可用标准化合物谱图数据库进行检索，并对比分析目标物质的化学组成，可配合核磁分析、紫外分析、质谱分析等分析手段确定样品的分子组成和空间结构；④配备显微镜可以测定样品微区部分的红外光谱，用于材料微相分析，以及考古、刑侦案件中的微量、微痕迹鉴定；⑤水、二氧化碳、玻璃等会对红外光有很强的吸收，测试时需要排除上述干扰，样品测试前需要进行干燥处理。

傅里叶变换红外光谱仪主要由光源、迈克尔逊干涉仪、探测器、数据分析系统组成，如图 8.1 所示。其中迈克尔逊干涉仪是主要部件，由定镜、动镜、光束分离器和探测器组成，其作用是产生干涉光照射样品。样品能产生红外吸收，吸收后的红外光线被检测器检测，经过傅里叶转换后得到红外光谱图。

红外光源能够发出连续且稳定的红外光线，常见的有白炽灯、碳化硅棒、气体激光器（如氙灯）和固体激光器。不同材质的光源激发出来的红外光波长不同，测试时需根据样品的最佳红外光吸收范围选择合适的光源。

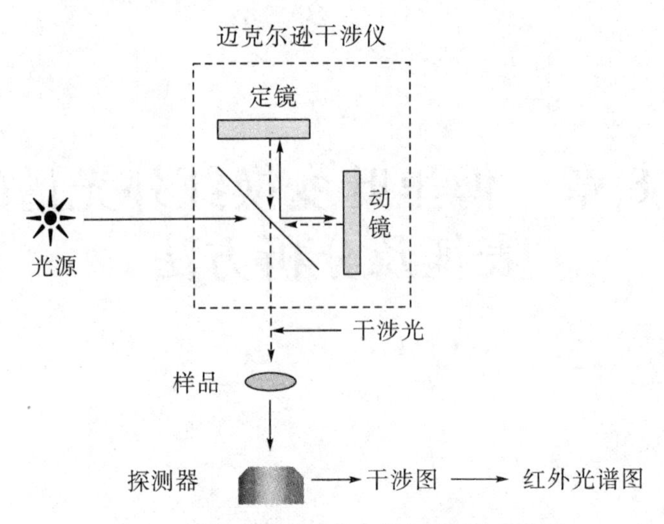

图 8.1　傅里叶变换红外光谱仪的结构示意图

迈克尔逊干涉仪产生干涉光的原理如图 8.2 所示，光源产生的红外光束入射到干涉仪中，光束被分离器分成能量均等的两部分，一部分透射到动镜上（光束 a），另一部分透射到定镜上（光束 b），两者都经过反射回到光束分离器上并汇集成干涉光，然后再反射到样品上。当动镜在原点时，光束 a 和 b 之间没有光程差；当动镜前后移动时，两束光的光程差不为零，且汇合后形成干涉光。当光程差为 $\lambda/2$ 的偶数倍时，两束光相互叠加，强度有极大值；当光程差为 $\lambda/2$ 的奇数倍时，两束光相互抵消，强度有极小值。

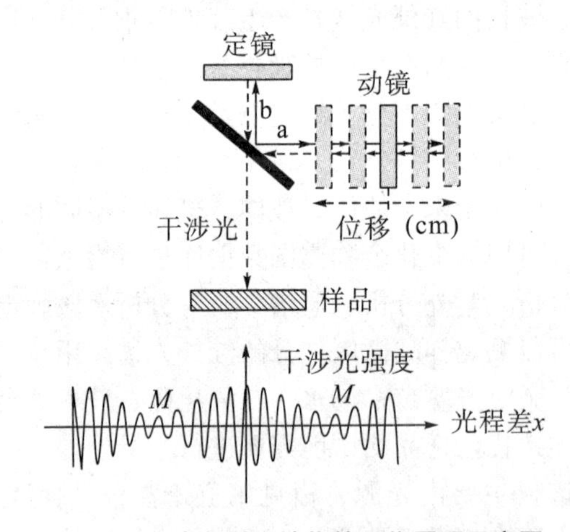

图 8.2　迈克尔逊干涉仪的工作原理示意图

当干涉光通过样品时，干涉光会被样品吸收特定波数的红外光，之后由探测器检测，得到一系列干涉光强与动镜移动位移或动镜移动时间的函数关系的信号，其中横坐标为动镜移动时间或位移，纵坐标则是干涉信号强度。[1] 根据傅里叶数学变换，将干涉光强度转换成入射光强度：

$$B(\upsilon) = \int_{-\infty}^{+\infty} I(x)\cos(2\pi\upsilon x)\mathrm{d}x \tag{8.1}$$

式中，$B(\upsilon)$ 为入射光的强度；$I(x)$ 为干涉光信号强度，与光程差 x 相关。经过傅里叶转换后，信号成为横坐标为波数的红外光谱图。

2. 红外光谱测试技术

（1）反射模式测试技术。

除了常用的透射模式测试样品外，还有反射模式（ATR）可对样品表面进行无损红外光谱检测。图 8.3 为水平 ATR 附件光路示意图，由图可看到，高折射度透明晶体是反射附件的核心部分，红外光线以一定角度入射在晶体的上表面（与样品紧贴的一面）时发生全反射，并在对应的样品下表面（与晶体紧贴的一面）产生驻波，驻波沿样品下表面流过波长量级的距离后射出，根据样品对驻波吸收情况可以推测样品表层化学结构信息。驻波的能量是随穿透深度呈指数递减的，当驻波振幅衰减到原来振幅的 1/e 时对应的深度称为穿透深度。因样品折射率不同，驻波的穿透深度也不同（表 8.1）。一般来说，样品折射率越高，穿透深度越深；入射角越大，入射光波数越高，晶体折射率越大，穿透深度越浅。不同波长、入射角、晶体材料及样品折射率对应的穿透深度如表 8.1 所示。一般有机物的折射率在 1.0～1.5 之间，在红外光谱测试区域（700～4000 cm^{-1}）内，其透射深度在 0.3～2.0 μm 之间。[2] 可见，反射模式只能检测表面很浅区域的信息，对于复合材料，特别是纳米复合材料，当表层没有填料分布时，反射红外得到的是基体材料信息，无法得到填料本身的化学性质以及填料与基体的化学或物理作用的信息。

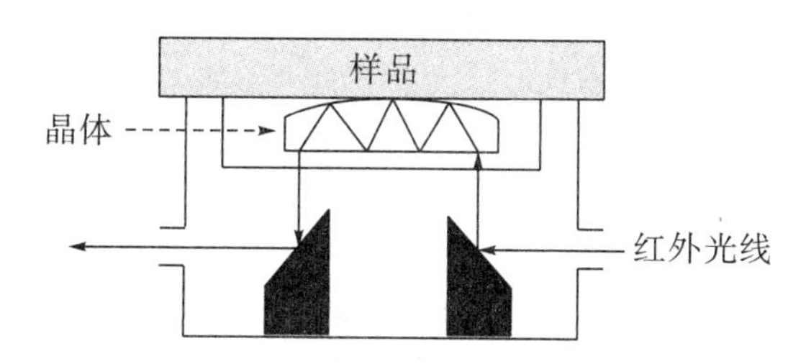

图 8.3　水平 ATR 附件光路示意图

表 8.1　不同波长、入射角、晶体材料及样品折射率对应的穿透深度[2]

波数（cm^{-1}）	入射角（°）	晶体折射率	样品折射率	穿透深度（μm）
1000	45	2.43（ZnSe）	1.3	1.4
1000	45	2.43（ZnSe）	1.5	1.9
1000	60	2.43（ZnSe）	1.5	1.1
3000	45	2.43（ZnSe）	1.5	0.48
1000	45	4.00（Ge）	1.5	0.66

常用的 ATR 晶体是 ZnSe，其折射率是 2.43。此外，金刚石、Ge、Si 等均可作为 ATR 晶体。金刚石硬度高，不易被磨损；Ge 的折射率较大为 4.0，适合测试高折射率的样品。

(2) 偏振红外技术。

当入射光偏振矢量与偶极矩变化方向平行时，分子会产生很强的红外吸收；当入射光偏振矢量与偶极矩变化方向垂直时，分子没有或有弱的红外吸收，如图 8.4 所示。常规红外光线是由各个方向的偏振光组合而成的，当其照射到分子上时，总有一个方向与偶极矩的变化吻合，从而产生红外吸收，因此，非偏振红外光谱是无法检测偶极矩的空间位置的。当入射光偏振方向均匀改变时，分子产生的红外吸收强度逐渐变化，最强的红外吸收对应的偏振光方向与分子偶极矩的空间位置相互对应，即可推测分子的空间构型。

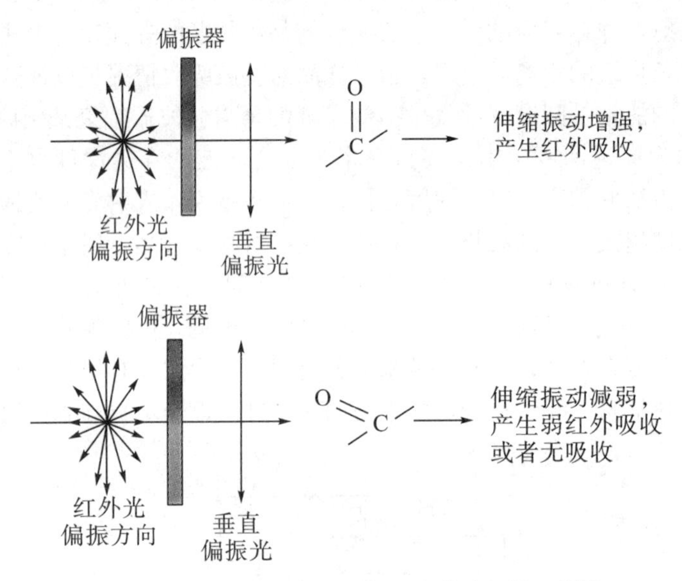

图 8.4 分子偶极矩与红外偏振光的选择性吸收[2]

(3) 显微红外光谱仪。

显微红外光谱仪可以对材料微区进行红外表征，偏振附件还可以对微区进行偏振红外的检测。显微镜安装在主光学台的旁侧，光路从主光学台射出后引入显微光路中，光线透过样品后进入检测器，如图 8.5 所示。除偏振附件外，显微红外光谱仪中还可以引入剪切热台，以研究材料的分子结构在升温过程中的变化以及材料的相形态在剪切场中的变化。

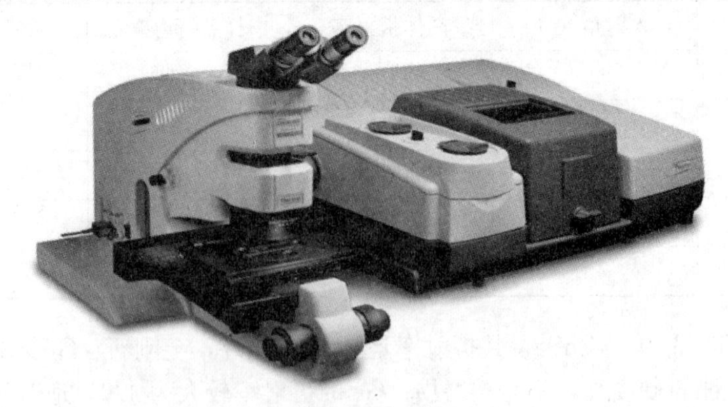

图 8.5 显微红外光谱仪（Thermo－Fisher **公司**）

3. **红外光谱仪操作注意事项**

（1）确保仪器长期放置在恒温（20℃）干燥的环境中。使用干燥剂保持仪器内部器件干燥，防止仪器中的盐片被水分腐蚀。特别是在潮湿天气，即使不用，也需开机通电以维持电路板干燥。

（2）仪器安装在光学平台上，避免震动影响测试结果。

（3）保证测试环境空气洁净，无尘，无有机气体，避免空气中的杂质对谱图产生干扰。

（4）测试前对盐片干燥充分。

（5）严格按照仪器操作规程进行操作。

（6）严格按仪器使用要求定期校准。

8.2　傅里叶红外光谱表征材料化学结构及微观结构

1. **实验目的**

（1）掌握傅里叶红外光谱仪的基本构造和测试原理。

（2）掌握制样方法和测试操作，完成材料成分分析实验。

（3）掌握数据软件的使用方法。

（4）掌握官能团的特征出峰，判定材料中特征官能团的种类，利用数据库鉴定材料成分。

（5）掌握偏振红外测试方法及数据处理方法。

2. **实验步骤**

（1）试样准备。

①固体样品——压片法。

取 1～2 mg 的样品与干燥溴化钾（分析纯）粉末（约 150 mg，粒度 200 目）混合均匀，在玛瑙研钵中磨成细粉末，装入模具内压制成测试盐片后立即测试，避免盐片吸潮影响结果的准确性。固体颗粒尺寸需研磨到 2.5 μm 以下，尺寸过大会造成红外光线散射。对于红外吸收峰很强的样品，如脂肪酸类、含氰基的化合物、盐类等，用量可缩减至 0.5 mg；含有氯离子的样品应改用氯化钾压片，避免溴离子与氯离子发生交换而改变样品的红外吸收。潮湿的样品需要先烘干再压片，否则光谱中会出现很强的水吸收峰而干扰谱图分析。此外，溴化钾粉体应存放在干燥密闭的容器中，使用前须在 120℃下烘干。

②液体样品。

将油状或黏稠液体（非水溶剂）直接涂于溴化钾盐片上，烘干溶剂后测试。注意烘干温度要远低于样品的分解温度。含水样品绝不能直接接触溴化钾或氯化钾等可溶于水的盐片，应使用氟化钙等不溶于水的盐片。此外，也可将水溶性样品溶液烘干成固体再压片制样，或者烘干成膜直接测试。

③聚合物样品。

若聚合物样品为固体，可将其破碎成粉末后与溴化钾研磨，并压成盐片进行测试，也可用超薄切片机切成薄片（10～20 μm），用透射模式进行测试。若聚合物样品为固体，且能找到平整的表面，用反射模式进行测试更好。对于薄膜样品，可直接用透射模式进行测试。若聚合物样品透光度太低，则可将其表面抛光，用反射模式进行测试。

（2）参数设置要求。

测试次数：一般红外测试次数为 32 次。

测试模式：根据样品情况选择透射或者反射模式。

（3）样品安置。

①透射模式。

图 8.6 为透射模式的样品夹持附件。盐片被磁铁吸住垂直夹在夹具上，红外激光从样品后部发出，穿过样品后进入前端的检测器。为了防止漏光，盐片尺寸要大于夹持架中的镂空部分，否则测量数据中某些波段的透光度为 100%。

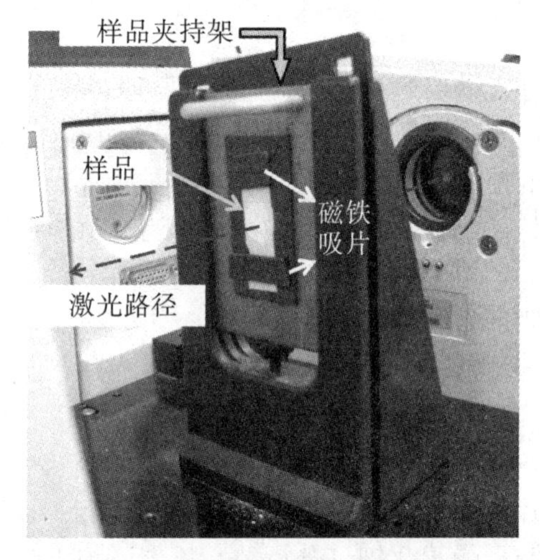

图 8.6　透射模式的样品夹持附件

②反射模式。

图 8.7 为反射模式的样品夹持附件。将样品直接放在 ZnSe 晶片上，通过压力装置将样品压紧在晶片上，一是保证施加在样品上的压力恒定；二是保证样品与晶体之间接触紧密。

（4）测试步骤。

依次开启电源稳压器、光谱仪及电脑电源。打开软件后进入实验参数对话框，选择测试模式（透射模式或者反射模式）。安装对应附件后，将背景样品放入样品仓，或以空气为背景，采集背景光谱数据。将测试样品放入样品仓，采集样品红外光谱数据。软件自动扣除背景数据后，输出样品真实的红外谱图，保存数据，关闭计算机、光谱仪、稳压电源。

注意：背景采集的顺序要与采集参数中“背景光谱管理”的设置一致。用溴化钾制样，背景样品为纯净的溴化钾盐片。

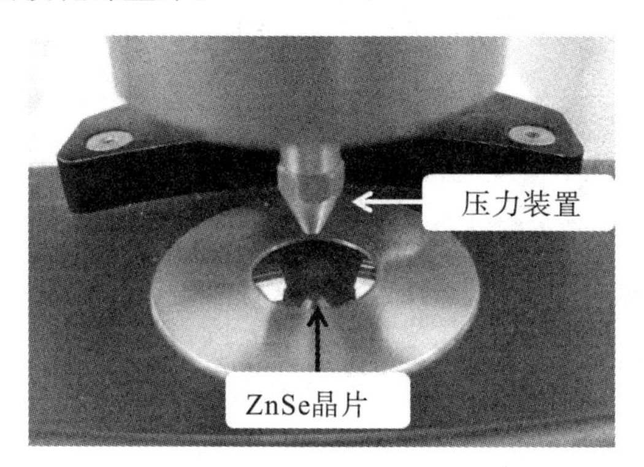

图 8.7　反射模式的样品夹持附件

3. **谱图及数据分析**

（1）红外光谱解析。

不同化学键对应不同的红外吸收峰，根据吸收峰位可以推出样品所含官能团及结构。其解析方法与拉曼光谱类似，均可采用谱图数据库进行匹配解析。

中科院上海有机化学研究所的化学专业数据库开放平台提供了红外谱图查询分析检索功能。日本 AIST（产业技术综合研究所）也提供了已知物质的红外谱图查询功能。

（2）取向度的计算。

以聚合物分子链为例，取向度计算公式为

$$f=\frac{2(R-1)}{(R+1)\times(3\cos^2\alpha-1)} \tag{8.2}$$

$$R=A_{/\!/}/A_{\perp} \tag{8.3}$$

式中，$A_{\perp}$和$A_{/\!/}$分别代表垂直和平行红外偏振光的吸收强度；α 为偶极运动矢量与链轴的夹角。[3]

（3）定量分析。

特征峰的峰面积或者峰高与固体样品的厚度或液体样品的浓度成正比，依据 Lambert－Beer 定律，用内标法或外标法可对样品中组分含量进行定量分析。吸光度曲线中的峰面积或者峰高对应的就是 Lambert－Beer 定律中的吸光度。由于峰面积受样品和仪器的影响小于峰高，因此，使用峰面积进行定量计算比使用峰高更准确。

①峰面积的计算。

以图 8.8 为例，首先选取特征峰计算范围（图中阴影部分），再定基线，主要有两种方法：一是以特征峰两端最低点的连线作为基线，二是以特征峰一侧最低点的水平切线作为基线。前者计算的峰面积区域为图 8.8(a) 中 a，c，b 所包围的面积，称为校正峰面积；后者计算的峰面积区域为图 8.8(b) 中 a，c，b，d 所包围的面积，称为非校正峰面积。这两种方法均可使用，但在同一个体系中，须使用同种计算方法，得出的结果才具有可对比性。

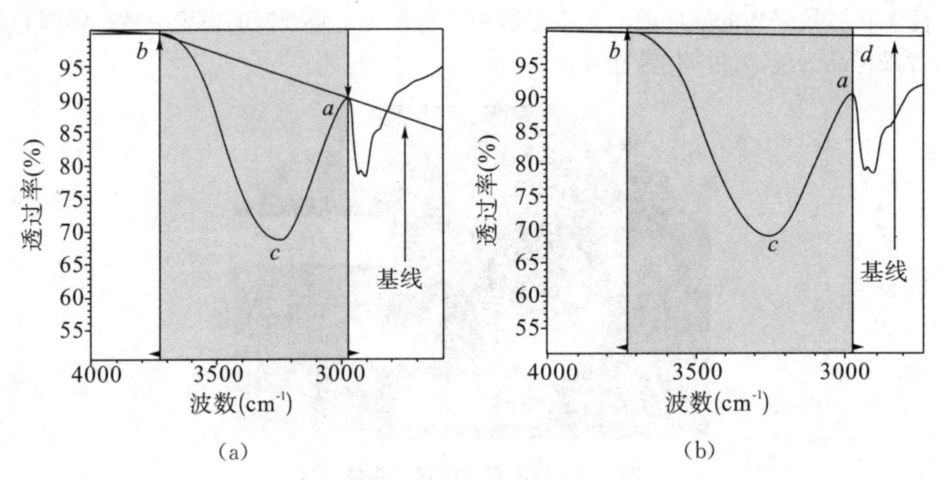

图 8.8　峰面积计算

②峰高的计算。

以图 8.9 为例，首先选取特征峰计算范围，再定基线，基线选取方法与峰面积的计算相同。图 8.9(a) 中 a 点到 b 点的距离称为校正峰高；图 8.9(b) 中 a 点到 b 点的距离称为非校正峰高。b 点均为从 a 点向 x 轴引出的垂线与基线的交点。

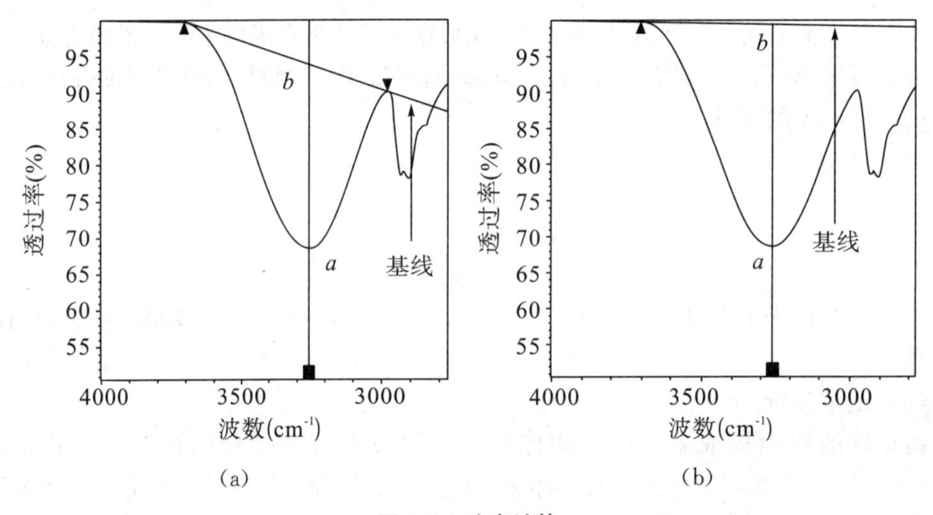

图 8.9　峰高计算

8.3　参考实例

1. **物相检索**

(1) 样品：聚合物颗粒。

（2）实验目的：掌握基本测试方法及谱图库检索方法。

（3）仪器设备：傅里叶变换红外光谱仪［赛默飞世尔科技（中国）有限公司，Thermo－Fisher Nicolet iS10］。

（4）参数设置：反射模式，测试次数 32 次。

（5）谱图及数据分析。

样品测试结果与谱图数据库的匹配结果如图 8.10 所示，样品谱图与谱图数据库中的 Chromium Chloride（氯化铬）、Thermplastic Elastomer（TPE）的匹配度较高，说明该样品可能存在某些与这两种物质相似结构或者成分的物质。

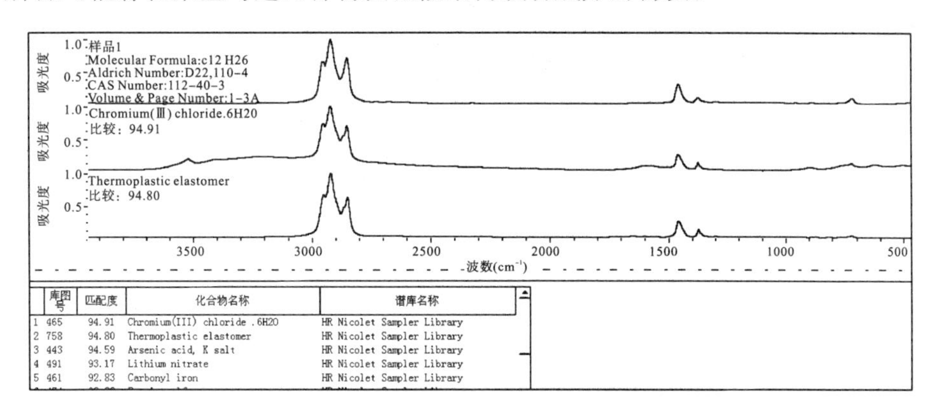

图 8.10　样品测试结果与谱图数据库的匹配结果

2. 实验报告撰写要求

（1）撰写实验目的、测试原理、实验仪器构造。

（2）撰写制样过程、仪器参数设置、基本操作步骤。

（3）撰写实验测试方法。

（4）分析实验结果、样品鉴定结果，判定特征峰归属。

（5）回答思考题。

3. 思考题

（1）请描述自己在试验中对实验原理、实验操作过程的理解，对实验结果准确程度的判断，自己的体会以及对该实验的经验积累，总结该类型实验中应该注意的问题，如何改进提高？

（2）影响红外测试结果的因素有哪些？

（3）结合哪些测试表征手段才能较为准确地确定材料结构？为什么？

（4）查阅资料，写出烷基、羟基、羧基、苯环、酯基、氨基等官能团的特征出峰位置以及强度。

（5）分析样品的红外谱图，确定特征峰及其归属。

（6）试用朗伯比尔定律推导定量分析公式，计算混合物中两个物质的质量比。已知两种化合物（1，2）对应的红外光谱峰 A，B 的吸光系数之比为 2，两种化合物的混合物中，红外光谱峰 A 的吸收强度为 a，B 的吸收强度为 b。

参考文献

［1］周玉．材料分析方法［M］．3 版．北京：机械工业出版社，2011.

［2］翁诗甫．傅里叶变换红外光谱分析［M］．2 版．北京：化学工业出版社，2010.

［3］杨睿．聚合物近代仪器分析［M］．北京：清华大学出版社，2010.

扩展阅读

1．杨万泰．聚合物材料表征与测试［M］．北京：中国轻工业出版社，2008.

第9章　紫外－可见吸收光谱的表征及分析方法

9.1　紫外－可见吸收光谱仪

1. 紫外－可见吸收光谱仪的基本原理及使用特点

紫外－可见吸收光谱仪是测定样品的浓度和吸光系数的主要仪器。紫外－可见吸收光谱是电子吸收光谱，当分子吸收光子后跃迁到激发态时产生紫外吸收。不同结构的分子具有不同的电子跃迁形式，对应的吸收光波长、吸光系数均不一样。在紫外光区产生的吸收主要有π-π跃迁和n-π^*跃迁，这类跃迁多产生于共轭体系，因此，紫外－可见吸收光谱可以用来检测含有多重键、共轭双键以及孤对电子与π键共存的体系。[1]

紫外－可见吸收光谱的测试范围：①定量测定样品浓度和吸光系数；②定性表征特征官能团，但鉴别材料分子结构和分子组成的能力有限；③对微量物质的检测，例如，杂质或添加剂的检测，以及测定聚合反应残留单体浓度等。

紫外－可见吸收光谱仪主要由光源、单色器（狭缝、反光镜、光栅等构成）、样品池（参比样品池和测试样品池）和检测器组成（图9.1）。从光源发出的激光通过入射狭缝、准直单元变成平行的激光光束，光栅将不同波长的光分开，分光后的单色光从出射狭缝射出。单色光被斩光镜分成相同且平行的两束光，分别进入参比样品和测试样品池，经测试样品、参比样品吸收后进入检测器检测吸光度和吸收光谱。

紫外－可见吸收光谱仪常用的光源是氘灯，能提供波长范围在190～350 nm的紫外光，且光源稳定，光强随波长变化小，辐射连续。可见光源用钨灯，工作时两灯自动切换。

单色器是由入射狭缝、准直单元、光栅、聚焦单元、出射狭缝组成。从光源射出的光，通过入射狭缝进入准直单元，将发散光束变成平行光束。平行光被光栅分光，形成的单色光从出射狭缝射出，进入斩光镜。光栅的分光能力和出射狭缝的宽度决定紫外光谱的分辨率，分光能力越强，出射狭缝宽度越窄，紫外光谱的分辨能力越强。注意，当两条光波的波长差的1/10大于光谱分辨率时，这两束光才能被光谱仪分开。

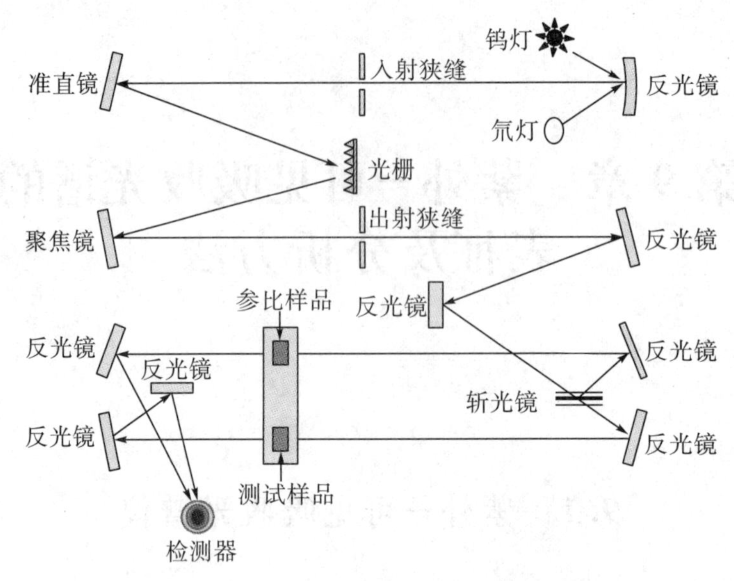

图 9.1　紫外－可见吸收光谱仪的基本原理

图片来源：岛津企业管理（中国）有限公司，《岛津紫外分光光度计》。

测试样品和参比样品在测试时须同时放置于样品池中。液体样品用石英比色皿盛放进行测试；固相的浑浊或不透明的样品用积分球进行测试。

2. **紫外－可见吸收光谱仪操作注意事项**

（1）保证仪器放置环境恒温恒湿，空气洁净，无尘。定期对仪器内部进行除尘。

（2）仪器安装在光学平台上，避免震动而影响测试结果。

（3）比色皿成对使用，使用后立即用蒸馏水冲洗干净，保持比色皿干净、无污染。比色皿要放置在柔软防震的地方，防止表面划伤或者摔碎。

（4）严格按照仪器使用要求定期校准。

（5）操作时按照仪器操作规程进行。

9.2　紫外－可见吸收光谱仪分析材料成分及测定含量

1. **实验目的**

（1）掌握紫外－可见吸收光谱仪的基本构造和测试原理。

（2）掌握制样方法和测试操作，完成材料吸收系数测试实验。

（3）掌握数据软件的使用方法。

（4）掌握紫外－可见吸收光谱曲线的测定方法、标准曲线的绘制方法，以及样品浓度和吸光系数的测定方法。

2. 实验步骤

(1) 试样准备。

液体样品装入干净透明的石英比色皿中；固体样品和标准白板分别安装在积分球中的指定位置。

注意事项：①吸光度大于3的样品需要稀释，避免偏离朗伯比尔定律；②选择具有良好化学稳定性和光学稳定性，且不干扰样品产生紫外-可见光吸收的溶剂；③极性不同的溶剂会引起吸收谱带形状和最大吸收波长的改变，在溶解度允许的情况下选择极性小的溶剂；④正确选择参比样品，除待测物质外，能产生紫外-可见吸收的组分都须纳入参比体系。

(2) 参数设置要求。

将测试范围设定在需测试的波长范围。

(3) 样品安置。

将测试样品和参比样品分别装入两个干净的石英比色皿中，按图9.2所示把两个石英比色皿分别放置在测试样品池和参比样品池的位置，再把样品架放置到仪器中。石英比色皿在使用前须用乙醇和蒸馏水洗干净，装样品时双手握住磨砂玻璃面，不可握光学玻璃面，以免污染光学玻璃的透光性，测试过程中要始终保持光学玻璃面干净。

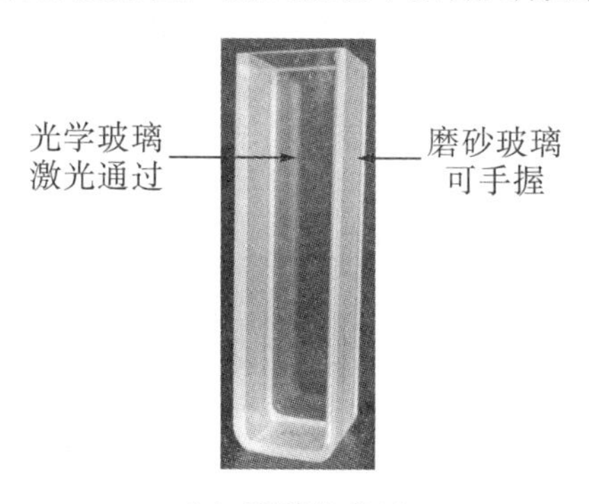

(a) 石英比色皿

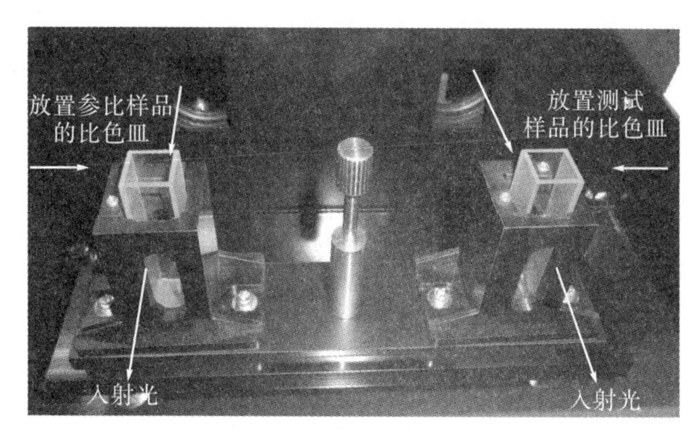

(b) 放置石英比色皿的样品架

图9.2 石英比色皿及放置石英比色皿的样品架

（4）测试步骤。

紫外－可见吸收光谱测试步骤：打开紫外－可见吸收光谱仪、电脑、软件。选择光谱测量模式，进入测量参数编辑界面，依次设定测试的波长范围、扫描速度、狭缝宽（狭缝宽为待测样品吸收峰中最窄峰半高宽的 1/10）、光源。确认样品室未放置样品，进行基线校正。校正后将参比样品和测试样品放入样品架，关闭样品室。开始测试，测试完毕后保存数据。

吸光度测试步骤：打开紫外－可见吸收光谱仪、电脑、软件。选择吸光度测量模式，进入测量参数编辑界面，依次编辑波长类型、波长值、测试类型、标准样品采集次数、测试样品采集次数，保存测试方法文件。分别测试标准样品和测试样品，测试完毕后保存数据。分析处理数据，得到样品吸光度。

3. 谱图及数据分析

（1）谱图分析。

表 9.1 列出了部分官能团的紫外－可见吸收峰位。[2] 根据紫外－可见吸收谱图的出峰位置初步判定样品可能含有的官能团。

表 9.1　部分官能团的紫外－可见吸收峰位

生色基团	例	λ_{max}（nm）	ε（$L \cdot mol^{-1} \cdot cm^{-1}$）	溶剂
$>C=C<$	$H_2C=CH_2$	171	155530	气体
	$C_6H_{13}CH=CH_2$	177	13000	正庚烷
$C=CCH_3$	$C_5H_{11}C=CCH_3$	170	10000	正庚烷
C=O（酮）	CH_3COCH_3	166	16000	气体
		189	900	正己烷
		270.6	15.8	乙醇
C=O（醛）	CH_3CHO	180	10000	气体
		293.4	11.8	正己烷
—COOH	CH_3COOH	204.0	41	水
$—CONH_2$	CH_3CONH_2	178	9500	正己烷
		214	60	水
—COCl	CH_3COCl	220	100	正己烷
$—N=N_2$	CH_2N_2	约 410.0	约 1200	蒸气
	$CH_3N=NCH_3$	339	5	乙醇
—N=O	C_4H_9NO	300.0	100	乙醚
$—NO_2$	CH_3NO_2	201	5000	甲醇
		271.0	186	乙醇
$—ONO_2$	$C_2H_5ONO_2$	270.0	12	二氧杂环己烷

续表9.1

生色基团	例	λ_{max}（nm）	ε（$L \cdot mol^{-1} \cdot cm^{-1}$）	溶剂
—O—N═O	$C_8H_{17}ONO$	230.0	2200	己烷
—C═S	$C_6H_5CSC_6H_5$	220.0	70	乙醚
—S⟶O	$C_6H_{11}SOCH_3$	210.0	1500	乙醇

（2）吸光度计算。

根据朗伯比尔定律测定样品的吸光系数，推断溶液中的样品浓度（图 9.3）。入射光照射样品时，样品溶液的吸光度与溶液浓度和光通过溶液层的厚度成正比，即：

$$E = \varepsilon cl = -\lg(I/I_0) \tag{9.1}$$

其中，透射率 T 为

$$T = (I/I_0) \times 100\% \tag{9.2}$$

式中，c 为溶液浓度，mol/L；l 为光通过溶液层的厚度；I_0为入射光强度；I 为透射光强度；E 为某一单色波长下的吸光度；ε 为摩尔吸光系数。

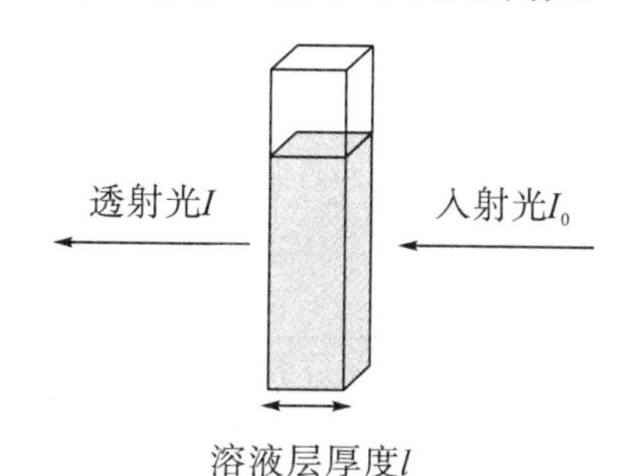

图 9.3　透射示意图

影响吸光度（即偏离朗伯比尔定律）的因素有样品因素和仪器因素。其中样品因素包括：①高浓度样品导致吸收点间隔变小，对特定波长的光的吸收能力发生变化，改变吸光系数，因此，高浓度样品在测试前需要稀释；②样品各组分或者自身的缔合、样品自身化学性质不稳定，以及对紫外光敏感，都会导致紫外吸收的改变；③溶剂性质不同会改变样品生色基团的峰强、峰位；④溶液中存在杂质、胶体、乳液粒子以及大尺寸粒径的物质会使入射光产生散射，消耗入射光的能量。仪器因素包括：①光源的稳定性；②入射光单色性，单色性越好，结果越精确。

9.3　参考实例

1. 样品的定性及定量分析

（1）样品：已知浓度样品和若干未知浓度样品各 10 mL。

（2）实验目的：掌握紫外−可见吸收光谱仪定性分析和定量测定样品浓度的方法。

（3）仪器设备：傅里叶变换红外光谱仪［岛津企业管理（中国）有限公司，UV-3600］。

（4）参数设置：透射模式，波长范围为200～550 nm。

（5）谱图及数据分析。

①出峰分析。

图9.4和表9.2分别为样品的紫外-可见吸收光谱图和标峰结果。由标峰处理可知，紫外-可见吸收光谱图中4个峰所对应的峰值及吸收强度。依据紫外-可见吸收的出峰规律可判断4个峰对应的官能团类型。

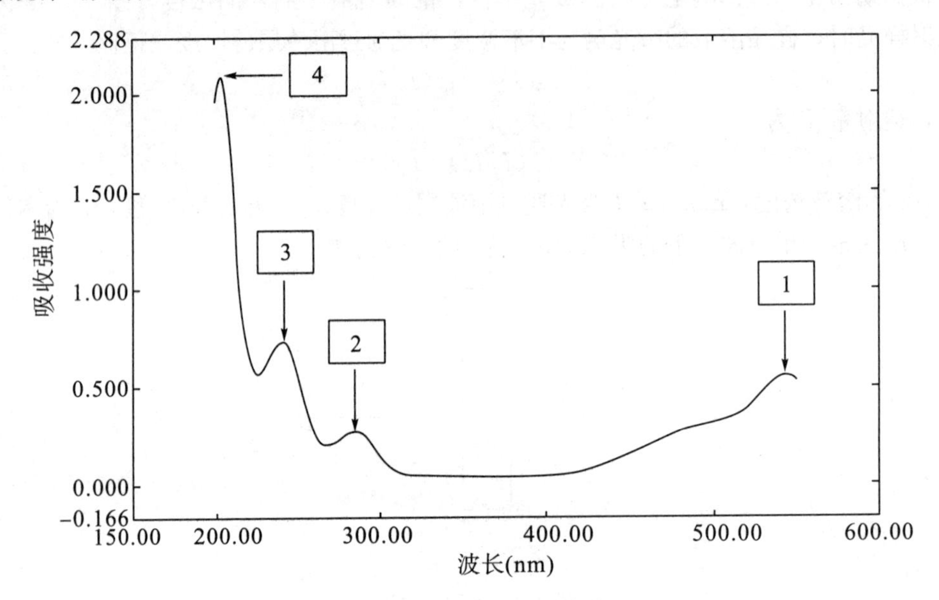

图9.4　紫外-可见吸收光谱图

表9.2　标峰结果

峰位编号	波长（nm）	吸收程度
1	543.2	0.561
2	284.4	0.276
3	241.0	0.730
4	203.8	2.084

②吸光度测定及样品浓度计算。

导入标准样品吸光度测定数据，拟合标准样品吸光度曲线，计算标准样品吸光系数（图9.5和表9.3）。

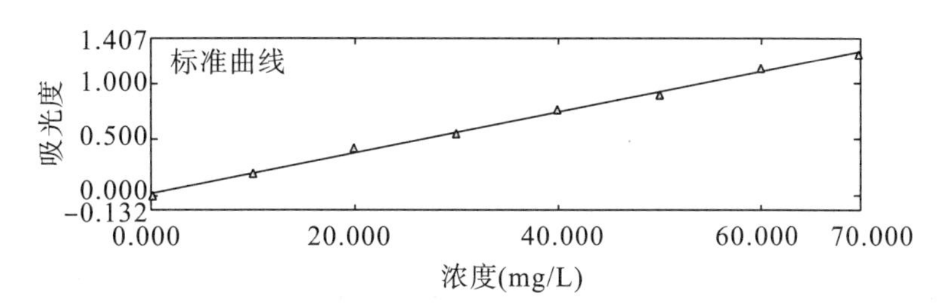

图 9.5　标准样品浓度与吸光度的关系

表 9.3　标准样品浓度与吸光度的关系

样品编号	类型	浓度（mg/L）	波长 495.0 nm 处的吸光度	权重因子
1	标准样品	0	−0.004	1.000
2	标准样品	10	0.181	1.000
3	标准样品	20	0.418	1.000
4	标准样品	30	0.549	1.000
5	标准样品	40	0.755	1.000
6	标准样品	50	0.897	1.000
7	标准样品	60	1.126	1.000
8	标准样品	70	1.255	1.000

根据标准样品的吸光系数计算测试样品浓度，其在波长 495.0 nm 处的吸光度曲线及测试样品浓度计算结果如图 9.6 及表 9.4 所示。

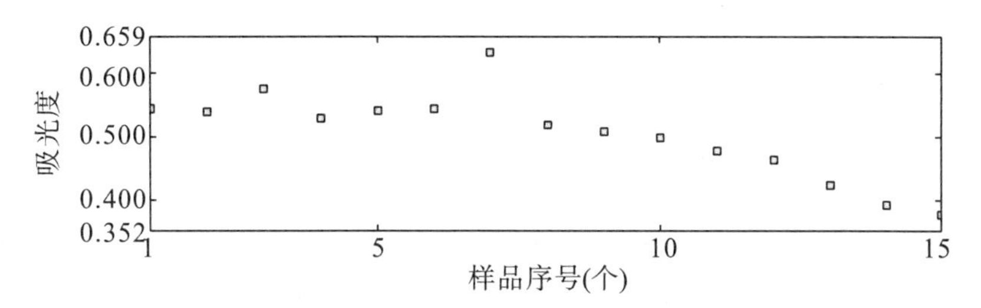

图 9.6　测试样品在波长 495.0 nm 处的吸光度曲线

表 9.4　测试样品浓度计算结果

样品编号	类型	浓度（mg/L）	波长 495.0 nm 处的吸光度
1	测试样品	29.321	0.544
2	测试样品	29.091	0.540
3	测试样品	31.047	0.578
4	测试样品	28.469	0.529
5	测试样品	29.177	0.542

续表9.4

样品编号	类型	浓度（mg/L）	波长 495.0 nm 处的吸光度
6	测试样品	29.341	0.545
7	测试样品	34.223	0.633
8～15	测试样品	略	略

2. 实验报告撰写要求

（1）撰写实验目的、测试原理、实验仪器构造。

（2）撰写制样过程、仪器参数设置、基本操作步骤。

（3）撰写实验测试方法。

（4）分析样品紫外－可见吸收光谱图，绘制标准曲线，根据标准曲线计算未知样品浓度。

（5）回答思考题。

3. 思考题

（1）请描述自己在试验中对实验原理、实验操作过程的理解，对实验结果准确程度的判断，自己的体会以及对该实验的经验积累，总结该类型实验中应该注意的问题，如何改进提高？

（2）影响紫外测试结果的因素有哪些？

（3）测定浓度时如何避免人为误差？

（4）使用不同极性的溶剂测试样品的紫外－可见吸收光谱，测试结果有无区别？为什么？

（5）请思考如何用内标法测定组分含量，写出具体的设计思路和实验步骤。

参考文献

[1] 杨万泰. 聚合物材料表征与测试［M］. 北京：中国轻工业出版社，2008.

[2] 李昌厚. 紫外可见分光光度计［M］. 北京：化学工业出版社，2005.

第 10 章　材料荧光特性的表征及分析方法

10.1　荧光光谱仪

1. 荧光光谱仪的基本原理及使用特点

荧光光谱仪是测定荧光物质产生荧光光谱及强度的仪器。处在基态的物质吸收光后跃迁到激发态，激发态不稳定，分子释放出一部分能量跃迁回稳定的基态，同时产生荧光。由于不同物质的结构不同，所处的激发态能级不一样，对应的激发光波长范围和产生的荧光波长范围不同。当物质含有荧光基时才会被激发产生荧光，常见的荧光基团有共轭双键、平面刚性分子（含有苯环）、供电子基团等。[1]

荧光光谱仪能测定物质的激发光谱（Excitation Spectrum）和荧光发射光谱（Emission Spectrum），定性分析样品中分子的化学结构、键合情况、分子间相互作用，以及不同环境下样品分子构象的变化等，还可根据荧光强度与浓度的关系进行样品含量的定量分析。利用同步荧光分析法还可以表征聚合物分子相结构、结晶熔融过程，以及分子链构象等。

荧光光谱仪主要由光源、激发单色器、发射单色器、样品池和信号检测器组成（图 10.1）。光源发出的激光通过激发单色器形成特定波长的单色光（或波长连续的一系列单色光）照射样品，样品产生的荧光被发射单色器分开形成波长连续的一系列单色光，信号检测器依次测定单色光的强度。最后由计算机输出该样品的荧光发射光谱以及荧光激发光谱。

荧光光谱仪主要由氙灯或者激光器提供能量稳定、足够强度、波长连续的激光光源。单色器把复合光分开形成一系列的单色光，由信号检测器逐一测定单色光的强度。样品池中放置待测样品。液体样品用石英皿（图 10.2）进行测试，石英皿四面均为光学镜面，与紫外-可见吸收光谱仪使用的两侧为光学镜面的比色皿不同；固相和粉末样品使用固体样品架进行测试。

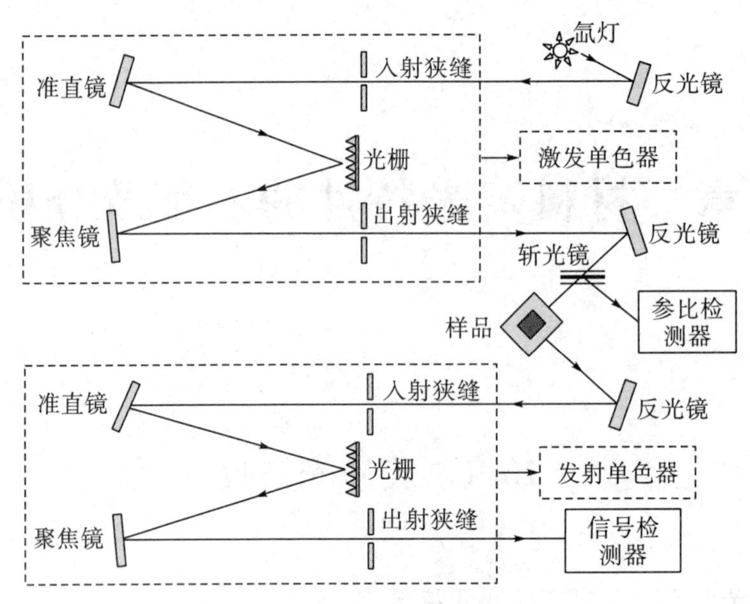

图 10.1　荧光光谱仪的基本原理

图 10.2　液体样品池——石英皿

2. 荧光光谱仪操作注意事项

(1) 保证仪器放置环境恒温恒湿，空气洁净，无尘。同时应注意避光，或者安装在暗室中。

(2) 仪器安装在光学平台上，避免震动而影响测试结果。

(3) 使用比色皿后应立即用蒸馏水冲洗干净，保持比色皿干净、无污染。比色皿要放置在柔软防震的地方，防止表面划伤或者摔碎。

(4) 严格按照仪器使用要求定期校准。

(5) 操作时按照仪器操作规程进行。

10.2　荧光光谱测试实验

1. 实验目的

（1）掌握荧光光谱仪的基本构造和测试原理。

（2）掌握制样方法和测试操作，完成材料荧光光谱的测试实验。

（3）掌握数据软件的使用方法。

（4）掌握荧光光谱曲线的测定方法。

2. 实验步骤

（1）试样准备。

液体样品装入干净透明的石英皿中；粉末样品须压制成块；固体块状样品放置在固体样品架上。

注意事项：①样品浓度一般在 10^{-5}～10^{-4} mol/L 范围内，若浓度过大，可能会因内滤效应、自聚集或者自淬灭效应使荧光强度降低；②选择非极性或者极性小的样品，以及对样品产生荧光没有干扰的溶剂；③选择吸光度小的溶剂；④易挥发溶液可现用现配，并使用带盖石英皿。

淬灭剂：溶液中的氧元素、卤素粒子、硝基化合物以及某些重金属离子具有淬灭荧光的作用，测试前需要除去。

（2）参数设置要求。

测试范围：设定合适的激发波长和发射波长范围。

注意事项：①发射波长范围需避开倍频线（即 2 倍于激发波长的光）；②激发光还可以激发样品的拉曼散射，根据拉曼散射光波长随激发波长的变化而改变，荧光波长不随激发波长的变化而改变的性质，设定合适的激发波长可将样品的拉曼光谱和荧光光谱分开。

狭缝宽度：狭缝越大，透过的光越多，光强越强，但分辨率越低。测试时应选择合适的狭缝宽度，保证在测试范围内光强不会超过信号检测器检测范围。

步长：步长增大，扫描速度加快，但谱图分辨率会降低，且容易遗漏特征峰信号。步长减小，测试时间增长，但信息更翔实。步长设定一般小于狭缝的 3 倍宽度，或小于等于最小半峰宽的 1/5。

积分时间：积分时间越长，数据信噪比越高，但光谱分析时间越长。

（3）样品安置。

将样品装到干净的比色皿中，放到样品室的指定位置（图 10.3）。在拿取石英皿时要带手套，避免污染光学玻璃面，测试过程中要始终保持光学玻璃面干净。

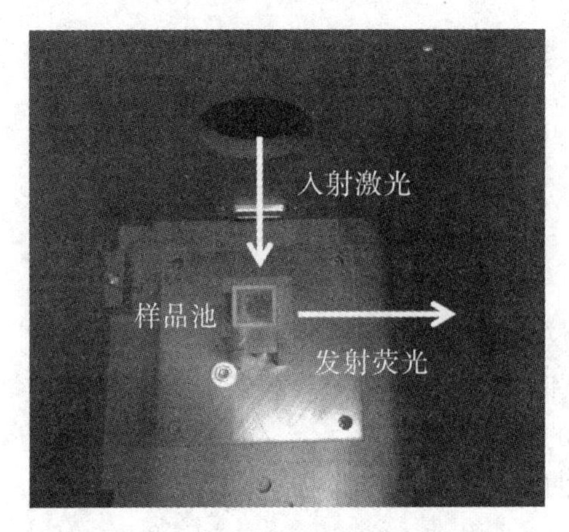

图 10.3　放置石英皿的样品室

(4) 测试步骤。

开主机和电脑，校准仪器，分别设定入射激光和发射荧光的波长范围、步长、狭缝宽度。测试完成后保存数据，关机。

3. **谱图分析**

荧光光谱分为两种谱图：一是荧光激发光谱，二是荧光发射光谱。前者是固定荧光波长（即固定发射单色器波长和狭缝宽度），改变激发光波长，用于确定物质的最佳激发波长；后者是固定激发光波长（即激发单色器波长和狭缝宽度），测定荧光光谱，确定最大荧光波长和对应的荧光强度。

10.3　参考实例

1. **样品的定性定量分析**

(1) 样品：黄色荧光剂。

(2) 实验目的：掌握荧光光谱仪测定样品荧光激发光谱和荧光发射光谱的方法。

(3) 仪器设备：荧光光谱仪 [堀场（中国）贸易有限公司，FluoroMax−4]。

(4) 参数设置：激发光谱波长范围 300～400 nm，步长 4 nm，狭缝宽度 1 nm。发射荧光光谱波长范围 400～700 nm，步长 2 nm，狭缝宽度 1 nm。

(5) 谱图分析。

图 10.4 为黄色荧光剂的激发光波长/荧光波长/强度的三维荧光光谱图，横坐标为荧光波长，纵坐标为激发光波长。荧光强度最高时对应的波长范围在 580～600 nm 之间，属于黄色光波长范围，对应的激发光波长在 390～400 nm 之间。根据荧光强度的变化趋势可以看出，最大激发光波长应该在 400 nm 以上，可重新设置该实验的激发波长范围（360～500 nm）再做测试。虚线框中为倍频线，即 2 倍于激发波长的瑞丽散射光。

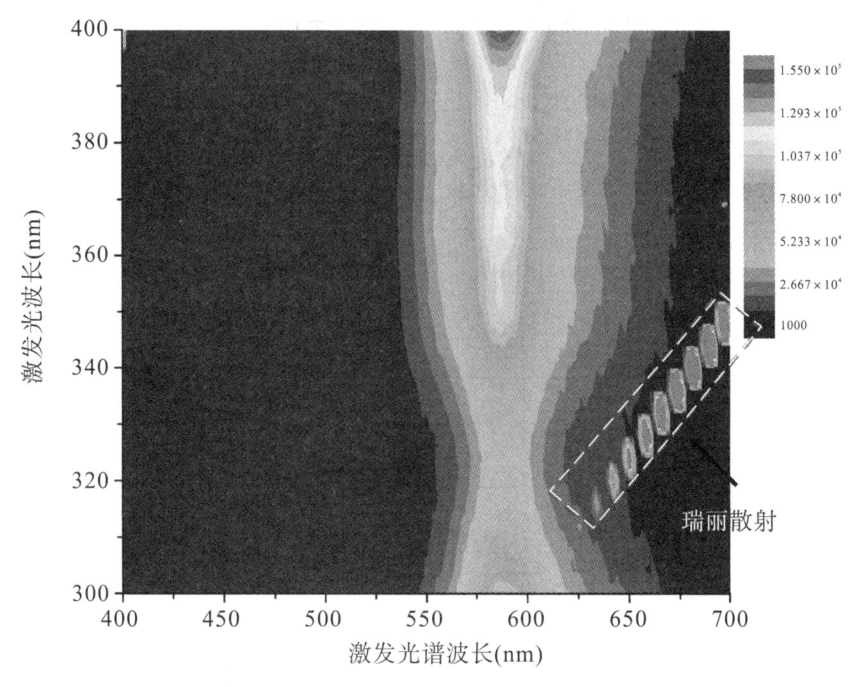

图 10.4　黄色荧光剂的激发光波长/荧光波长/强度的三维荧光光谱图

2. 聚合物冷结晶过程的表征[2]

(1) 样品：聚对苯二甲酸丙二醇酯。

(2) 实验目的：掌握荧光光谱仪表征聚合物结晶过程的方法。

(3) 仪器设备：荧光光谱仪（英国爱丁堡仪器公司，FLS920)。

(4) 参数设置：激发光谱波长 318 nm，狭缝宽度 1 nm，步长 5 nm。发射荧光波长 323 nm，狭缝宽度 1 nm，步长 5 nm。升温速度 3℃/min，升温范围0℃～90℃。

(5) 谱图分析。

图 10.5 为聚对苯二甲酸丙二醇酯在升温过程中，323 nm 处荧光波长强度的变化。在升温过程中，分子凝聚态的变化使得分子荧光强度发生了改变，可利用荧光光谱仪检测聚合物分子凝聚态在动态热力学过程中的变化情况。如图所示，聚对苯二甲酸丙二醇酯在 40℃以下发生玻璃化转变过程［图 10.5(a)］；在 40℃以上为结晶诱导相［图 10.5(b)］，Ⅰ区为晶核生成相，Ⅱ区为晶体生长相，Ⅲ区为二次结晶。

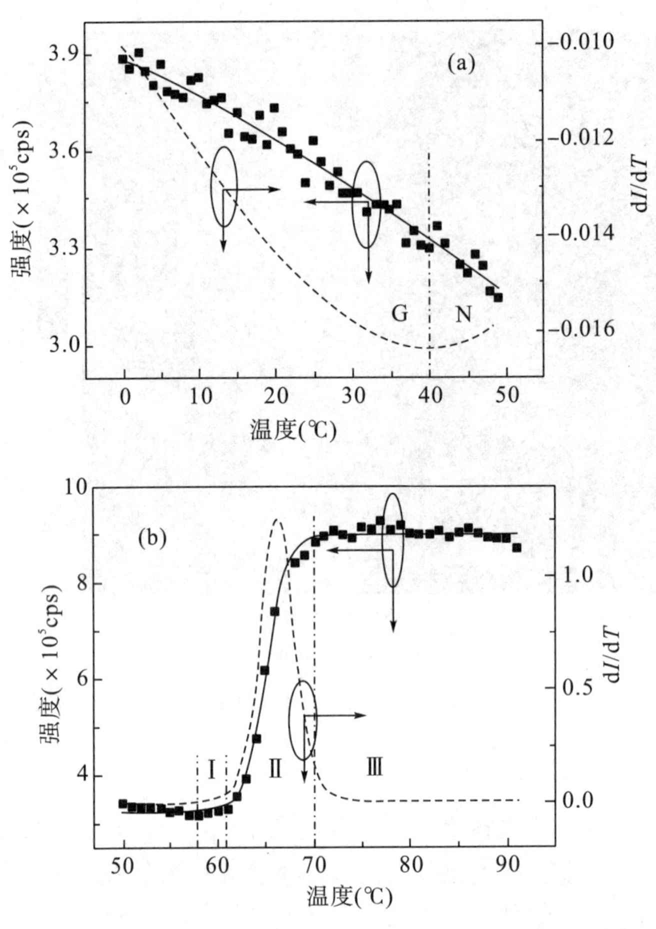

图 10.5　聚对苯二甲酸丙二醇酯升温过程中荧光波长强度的变化

3. 实验报告撰写要求

(1) 撰写实验目的、测试原理、实验仪器构造。

(2) 撰写制样过程、仪器参数设置、基本操作步骤。

(3) 撰写实验测试方法。

(4) 分析测试结果。

(5) 回答思考题。

4. 思考题

(1) 请描述自己在试验中对实验原理、实验操作过程的理解，对实验结果准确程度的判断，自己的体会以及对该实验的经验积累，总结该类型实验中应该注意的问题，如何改进提高?

(2) 为什么紫外-可见吸收光谱仪照射样品的光路是直线方向，而荧光光谱仪照射样品的入射光路和激发光路是垂直的?

(3) 请解释为何内滤效应、自聚合效应和淬灭效应会影响荧光强度。应该如何避免?

(4) 请查资料思考聚合物凝聚态变化为什么会导致荧光光强变化。

(5) 为了防止溶液中的氧元素对荧光物质产生淬灭作用，应该如何除去氧元素?

参考文献

[1] 杨睿. 聚合物近代仪器分析 [M]. 北京：清华大学出版社，2010.

[2] 罗伟昂. 基于荧光光谱仪的光谱学方法在聚合物链段运动和结晶行为研究中的应用 [D]. 广州：中山大学，2009.

第 11 章　化合物中碳、氢、氧、氮、硫元素含量的测定

11.1　元素分析仪

1. 元素分析仪的基本原理及使用特点

元素分析仪（Elemental Analysis）用于测定有机化合物、固体/液体燃料、植物、矿物、土壤中的碳、氮、氧、氢、硫元素的含量，其基本测定原理是：精确称重的样品（封装在锡囊里）在纯氧气中燃烧（燃烧温度大于 1800℃，保证样品完全燃烧）生成氧化物（CO_2、H_2O、氮氧化物），氧化物经滤除杂质后进入气体还原室，产物中的氮氧化物与还原介质铜反应生成 N_2。然后将 CO_2、H_2O、N_2 在常温常压下混合均匀后，输送至层析色谱柱进行分离，分离后由检测器检测三种气体的质量，从而推算出样品中碳、氢、氮元素的含量。硫元素的测定原理与碳、氢、氮元素的测定原理相同，但需要使用专用测试试剂进行测量。氧元素的测定方法是：使样品先在 1000℃ 的氦氢混合气体中热裂解，裂解产生的氧元素与碳反应生成 CO，除去杂质和干扰气体后再与氧气反应生成 CO_2，由检测器测定 CO_2 的含量，并计算出氧元素的质量。

元素分析仪由燃烧室、气体控制室、气相分离室和检测室组成。燃烧室中将纯氧作为助燃气体，氦气作为载气。气体控制室用于滤除杂质、还原氮氧化物，保证气体在常温常压下混合均匀。分离室将混合气体中各组分分开，然后进入检测室测定含量。检测室中分别配置检测水、CO_2、N_2 的热导检测器，检测器中含有气体捕获器。当气体捕获器吸收特定气体后，检测器间的热导改变，产生电信号并输出，根据电信号与浓度的函数关系可计算氢、碳、氮元素的含量。氮气检测器以 He 作为标定计算氮元素含量。

2. 元素分析仪使用注意事项

（1）所用气体均为高纯度气体（纯度达到 99.99%）。

（2）样品称重须精确到 0.001 mg。

（3）选取与待测样品中元素含量接近的标准样品，保证测试数据的准确性。

（4）严格按照仪器使用要求定期校准。

（5）严格按照仪器操作规程进行操作。

11.2 化合物中碳、氢、氧、氮、硫元素含量的测定方法

1. 实验目的

（1）掌握元素分析仪的测试原理及基本操作方法。

（2）掌握化合物中碳、氢、氧、氮、硫含量的测定方法。

2. 实验步骤

（1）试样准备。

试样中不可含有金属离子和可与氧原子形成晶体的元素，也不能含有氟、磷、重金属等。测试前须选择与样品中待测元素含量接近的物质作为标准样品。待测样品精确称重至 0.001 mg，用锡箔纸密封包好。

（2）参数设置要求。

载气压力和流速：选择合适的氦气压力和流速，以保证测试结果的准确性。

燃烧时间（氧化时间）：保证样品能够充分燃烧的时间，燃烧时间会因样品质量和成分的不同而不同。

炉体温度：设置合适的燃烧炉温度，保证样品在该温度下能被完全燃烧。

气相色谱柱温度：气相色谱柱温度与分离效果有关，应依据样品中各组分的物理化学性质进行设定。

（3）测试步骤。

测试前按照仪器校准方法和要求进行校准。打开氧气、氦气，开启主机和电脑。依次装载标准样品、待测样品。打开软件测试界面，输入测试参数，编辑测试方法。待炉体温度升至 900℃时可开始测试，测试结果输出后实验结束。待炉温降至规定温度以下，关闭软件、仪器主机、电脑电源以及气阀。

3. 数据分析

（1）K 值校准法。

要保证待测样品中的元素含量与标准样品中的元素含量接近。为了提高测量精确度建议使用 3 个标准样品、2～3 个空白样品计算 K 值。计算方法如下：

$$K=\frac{C}{A} \tag{11.1}$$

式中，A 为标准样品中碳的峰面积减去空白样品面积；C 为标准样品中碳的重量。

待测样品中的碳含量 $C_{样品}=K\times A_{样品}$，对应的碳元素重量百分比为 $C\%=C_{样品}/W_{样品}\times100\%$，$W_{样品}$ 表示待测样品重量。

（2）线性曲线法。

线性曲线法用于未知样品中各元素组分的测量，进行校准时，须知道未知样品中元素含量的范围。按递增序列称取一系列标准样品进行测试，每个标准样品中的碳含量（氮、氢、氧、硫含量）与测试谱图中的峰面积呈线性关系，拟合得线性方程：

$$C = k \times A + d \tag{11.2}$$

式中，A 为标准样品中碳的峰面积；C 为标准样品中碳的重量；d 为常数。

待测样品中的碳含量 $C_{样品} = k \times A_{样品} + d$，对应的碳元素重量百分比为 $C\% = C_{样品}/W_{样品} \times 100\%$，$W_{样品}$ 表示待测样品重量。

11.3　参考实例

1. 样品中碳、氢、氮元素含量的测定

（1）样品：乙酰苯胺。

（2）实验目的：掌握元素分析仪测定元素含量的方法。

（3）仪器设备：元素分析仪（EuroVector 公司，Euro EA）。

（4）样品制备：标准样品和待测样品都需精确称重至 0.001 mg，并用锡箔密封包装。测试时先用标准样品校准，再测试待测样品。

（5）参数设置：载气流量 97 mL/min，载气压力 78 kPa，燃烧炉温度 1020℃，燃烧时间 8 s，测试时间 250 s，色谱柱温度 120℃。

（6）数据处理。

图 11.1 为乙酰苯胺中氮、碳、氢元素的测试结果，图中给出流出时间与体积的关系，其中三个峰分别对应氮、碳、氢三种元素，积分得峰面积，代入校正公式可获得每种元素的含量。

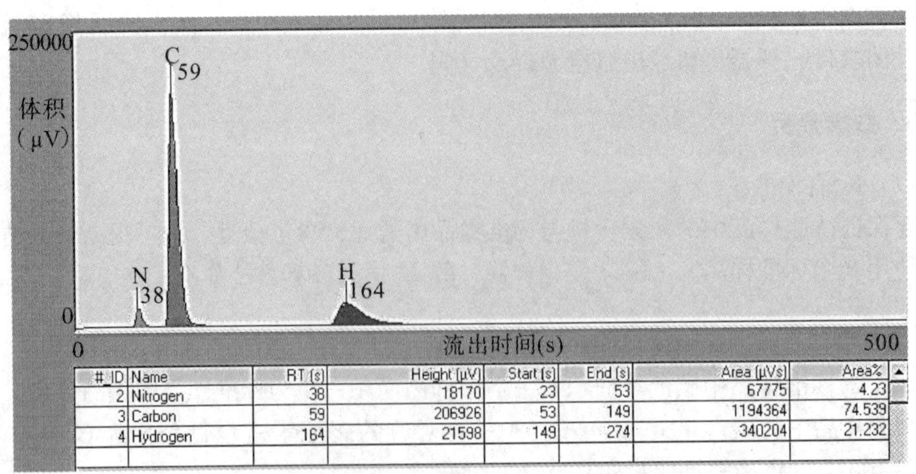

#_ID	Name	RT [s]	Height [µV]	Start [s]	End [s]	Area [µVs]	Area%
2	Nitrogen	38	18170	23	53	67775	4.23
3	Carbon	59	206926	53	149	1194364	74.539
4	Hydrogen	164	21598	149	274	340204	21.232

图 11.1　乙酰苯胺中氮、碳、氢元素测试结果

图片来源：EuroVector 公司。

2. 实验报告撰写要求

（1）撰写实验目的、测试原理、实验仪器构造。

（2）撰写制样过程、仪器参数设置、基本操作步骤。

（3）分析实验结果，定性及定量分析样品中的成分及含量。

（4）回答思考题。

3. 思考题

（1）请描述自己在试验中对实验原理、实验操作过程的理解，对实验结果准确程度的判断，自己的体会以及对该实验的经验积累，总结该类型实验中应该注意的问题，如何改进提高？

（2）测试聚乙烯中碳、氢元素含量，应该如何设计实验？选择哪种物质作为标准样品比较合适？采用哪种校准方法更加有效？

（3）如果待测样品中组分含量与标准样品差异很大，对结果会有哪些影响？

（4）对于某未知化合物，在不知道含有哪些元素和元素含量的情况下，请设计一个严谨的实验对该化合物中碳、氢、氧、氮、硫五种元素的组成和含量进行定性及定量分析。

扩展阅读

1. 徐娜，魏海捷，王玲玲. 元素分析仪测定元素含量的不确定度评定 [J]. 计量与测试技术，2013，40 (11)：70—73.

2. 刘红妮，高朗华. Vario MACRO cube 型元素分析仪测定硝化棉氮含量 [J]. 化学推进剂与高分子材料，2013，11 (6)：87—89.

第 12 章　混合物成分的定性及定量分析

12.1　气相色谱－质谱仪

1. 气相色谱－质谱仪的基本原理及使用特点

气相色谱－质谱仪（Gas Chromatograph－Mass Spectrometer，GCMS）是由气相色谱仪和质谱仪串联而成，用于分离鉴定混合物中各组分化学组成及测定组分含量的仪器，也称气质联用仪。气相色谱仪用于混合物的分离以及分离组分的定量分析；质谱仪用于已分离组分化学结构的定性分析。气质联用仪的灵敏度很高，在对塑料橡胶制品中添加剂含量的测定、药物成分的鉴定、食品及其他物质的微量分析检测方面应用广泛。

气相色谱仪的主要部件是毛细管色谱柱（图 12.1）。样品气化后从进样口进入柱温箱中的毛细管色谱柱内，柱温箱中的控温系统将毛细管色谱柱温度控制在设定温度范围内，保证毛细管色谱柱中的样品始终处于气相状态。样品中各个组分经毛细管色谱柱分离后流出，进入质谱仪，如图 12.2 所示。

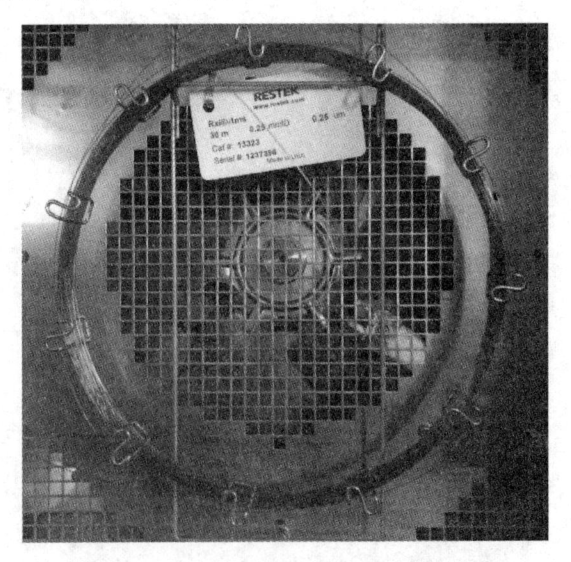

图 12.1　安装在柱温箱中的毛细管色谱柱

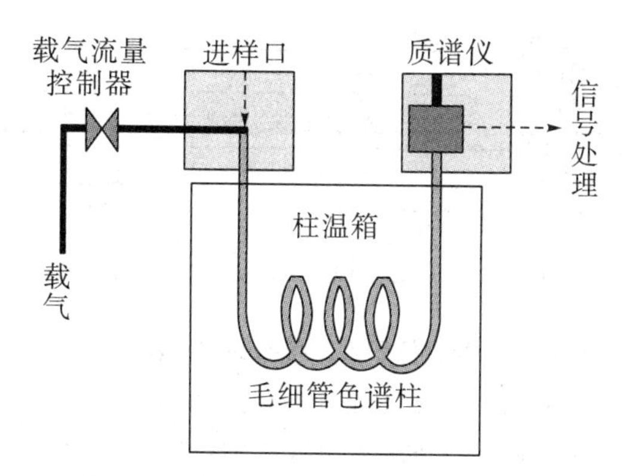

图 12.2　气相色谱仪的结构及工作原理

图片来源：岛津仪器有限公司。

毛细管色谱柱长度通常在 5～100 m 之间，30 m 较为常用，其外壁材质为石英，内壁为固定液，具有较高的理论塔板数。固定液与混合物中各组分的结合能力不同，与固定液结合能力越强的组分流出毛细管色谱柱的时间也越长，可根据各组分流出毛细管色谱柱的不同时间达到分离各组分的目的。组分流出毛细管色谱柱的时间称为保留时间。毛细管色谱柱越长，分离能力越高，但会增加分离时间，降低测试效率。毛细管色谱柱中的固定液有无极性、弱极性、极性、强极性之分，应该根据样品极性选用合适的毛细管色谱柱。

流量会影响毛细管色谱柱的分离效率，不同内径的毛细管色谱柱有对应的最佳流量范围（表 12.1），选择合适的流量可以保证毛细管色谱柱有较高的分离效率。

表 12.1　毛细管色谱柱内径的最佳流量范围

柱内径（mm）	流量（mL/min）
0.25	1～2
0.32	2～4
0.53	10～15

质谱仪由离子源、质量分析器和检测器组成。离子源的作用是将样品中的分子轰击成带正电荷的离子碎片，离子碎片进入质量分析器，在电场作用下，不同质荷比的离子碎片被分离出来，由检测器进行检测。常见的离子化方法有电子轰击离子化、化学离子化、场离子化等。常见的质量分析器有四级杆质量分析器、时间飞行质量分析器、离子阱检测器等。

四级杆质量分析器由四根金属杆构成（图 12.3），水平两根金属杆为负极，垂直两根金属杆为正极，四级杆上同时加载有直流电压和射频电压，使四级杆内部空间形成特殊电场。通过不断改变射频电压和直流电压（但保持两者比值不变）的方法来分离不同质荷比的离子，分离后的离子由检测器检测其种类和强度。四级杆质量分析器在真空环境（10^{-4}～10^{-3} Pa）中使用，以保证离子在四级杆中飞行时能顺利到达检测器，而不会碰撞上空气分子。

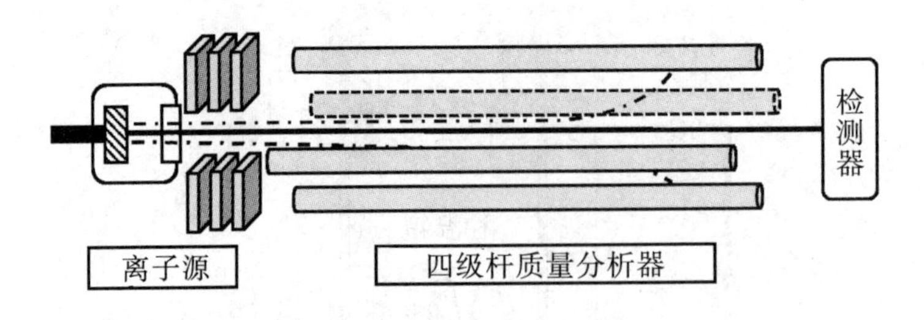

图 12.3 四级杆质量分析器的结构及工作原理

注：虚线表示质荷比与四级杆质量分析器设置电压不匹配而无法通过四级杆的离子碎片；实线表示质荷比与四级杆质量分离器电压设置匹配而能够通过四级杆进入检测器的离子碎片。

2. 气相色谱-质谱仪使用注意事项

（1）必须用高纯度的载气（纯度达 99.99%）。

（2）根据样品极性选取合适的毛细管色谱柱。

（3）测试时要启动真空，保证气相色谱-质谱仪在高真空环境中使用。若两天以上没有测样品，可以停止真空，关闭主机电源。真空重新启动后，须等待半小时以上才能打开灯丝，两小时后，待真空相对稳定后才能进行测试。

（4）隔垫和衬管要严格按照使用次数的要求进行更换，防止污染样品，使检测的准确度降低。

（5）进样口温度较高，测试过程中请勿触碰，以免烫伤。

（6）开、关机及使用时须严格按照操作方法执行，避免损伤或者损坏仪器。

（7）实验完毕后要及时洗手，除去有毒、有害物质。

（8）严格按照仪器使用要求定期校准。

12.2 混合物中各成分的定性及定量分析实验

1. 实验目的

（1）掌握气相色谱-质谱仪的测试原理及基本操作方法。

（2）掌握气相色谱-质谱仪对目标化合物的定性及定量分析方法。

（3）掌握标准谱图检索方法。

2. 实验步骤

（1）试样准备。

确保样品可以在 400℃以下汽化且不分解，并能溶解在低沸点溶剂（如丁酮、丙酮等）中。溶解后的样品需用滤膜（如 0.45 μm 孔径）滤去杂质后才能注入进样口进行测试。

以下情况无法得到准确结果：无机的金属、离子、盐、活性强或极端不稳定的化合物（如氢氟酸、臭氧、氮氧化物）、高吸附性的化合物（含有羧基、羟基、氨基、硫等官能团的化合物吸附活度较高，分析时应注意它们对分离效果的影响）、难以获得标准样的化合物（难以对结果做定性和定量分析）。

（2）参数设置要求。

测试方式：测试方式有分流进样和不分流进样两种。浓度较高的样品用分流进样进行测试；痕量或者微量样品建议用不分流进样进行测试。

载气类型及流速：载气类型和载气流速会影响毛细管色谱柱的理论塔板高度。氢气的柱效优于氦气。测试时，毛细管色谱柱的柱温要高于 100℃，若用氢气作为载气，有易燃、易爆的安全隐患，因此，通常使用高纯度的氦气作为载气。氦气流速控制在 20～50 cm/s 之间，此时柱效较高。

柱流速：受柱箱温度、毛细管色谱柱长径比、柱入口压力的影响。柱箱温度越高，毛细管色谱柱长径比越大，柱入口压力越低，柱流速越低。

柱箱温度：根据不同样品的物理化学性质选取合适的升温程序，使样品中各组分能够被毛细管色谱柱有效分离，常采取分段设定升温速度的方法。

质谱检测有两种方法：①设定质荷比的扫描范围，用于未知化合物的定性检测和未知化合物特征离子碎片的检测；②设定特定的质荷比，检测是否有该质荷比的离子碎片。

（3）测试步骤。

测试前，按照仪器校准方法和标准进行校准。样品配置完成后，放置到进样器中。打开电脑和真空泵，保持真空 2 小时后，开仪器主机。进入测试界面，分别设定 GC 和 MS 程序，设定完毕后即可开始测试。

3. 谱图及数据分析

（1）谱图解读。

气相色谱图是由流出时间（横坐标）和强度（纵坐标）构成的，不同的流出时间代表了不同物质。质谱图是由质荷比（横坐标）和强度（纵坐标）构成的，表明某一种物质被离子轰击后形成多种离子碎片的质荷比及其对应强度。质谱图中的最大强度离子峰称为基峰，其强度值定义为 100%，其他峰的强度是与基峰的相对比值。

（2）定性分析。

在气相色谱-质谱仪检测的气相色谱图中，可以根据不同流出时间得到该流出时间对应组分的质谱图。通过质谱图数据库检索，得到与目标组分相似度从高到低排列的可能物质及其结构式，并结合样品实际含有的已知或可能的结构和元素推断目标组分的化学结构。

（3）定量分析。

①外标法：标准样品中目标组分含量的绝对值和它的峰面积或者峰高建立标准曲线，然后将待测组分峰面积或者峰高代入标准曲线公式进行计算。

②内标法：将标准样品加到待测样品中一起测试，根据标准样品在检测器上的响应值与标准样品含量的关系计算待测样品中各组分含量。

③面积归一法定量分析：样品中所有峰之和按 100%计算，再分别计算每个组分的百分含量[1]，使用该方法得不到含量的绝对值。

12.3　参考实例

1. 聚氯乙烯材料中增塑剂含量的测定[2]

（1）样品：聚氯乙烯。

（2）实验目的：掌握气相色谱－质谱仪对目标化合物进行定性及定量分析方法。

（3）仪器设备：气相色谱－质谱仪，EI 离子源。

（4）样品制备。

①试剂：三氯甲烷（色谱纯）、邻苯二甲酸酯类增塑剂标准品（纯度≥98%）。

②样品制备方法：称取 0.50～1.00 g 试样，置于 25 mL 锥形瓶中，加入 50 mL 三氯甲烷于超声波提取器中超声 20 min 提取增塑剂。过滤提取液，将残渣再用 30 mL 三氯甲烷超声提取 5 min，合并滤液，收集在 250 mL 浓缩瓶中，以 40℃水浴旋转蒸发浓缩至近干，再用三氯甲烷溶解并定容至 10.0 mL，用孔径为 0.45 μm 滤膜过滤，进行气相色谱－质谱检测。

（5）参数设置。

①气相色谱参数：石英毛细管柱 25.0 m×250 μm（内径）×0.25 μm（膜厚），载气为氦气（纯度 99.999%），载气流速 0.6 mL/min，进样口温度 280℃，进样量1 μL，不分流进样方式。柱箱温度控制程序：80℃保持 2 min，以 20℃/min 升温至 150℃，保持 1 min，再以 15℃/min 升温至 280℃。

②质谱参数：离子源温度 250℃，四级杆温度 150℃，气相色谱－质谱接口温度 280℃，全扫描方式（Scan 扫描方式），扫描范围 40～400（平均分子量）。

（6）数据处理。

①按照邻苯二甲酸酯类增塑剂（十种）流出时间谱图以及组分对应的碎片离子强度确定样品中增塑剂种类。

②外标法定量分析：用标准样品配置不同浓度的标准样品溶液，在相同的条件下测量各标准样品的峰面积或峰高，并绘制标准样品峰面积或峰高与浓度的关系曲线，根据标准样品的浓度曲线计算待测样品中的增塑剂含量。

2. 实验报告撰写要求

（1）撰写实验目的、测试原理、实验仪器构造。

（2）撰写制样过程、仪器参数设置、基本操作步骤。

（3）分析实验结果，定性及定量分析样品中的成分及含量。

（4）回答思考题。

3. 思考题

（1）请描述自己在试验中对实验原理、实验操作过程的理解，对实验结果准确程度的判断，自己的体会以及对该实验的经验积累，总结该类型实验中应该注意的问题，如何改进提高？

（2）进样口温度、柱箱出口温度、离子源温度的设定有何注意事项？

（3）若要测定茶饮料中各成分的含量，请设计气相色谱－质谱仪实验测试方案。

（4）若要用内标法测定增塑剂含量，请设计 GCMS 实验测试方案。

（5）在气相色谱图中发现各组分谱峰有重叠或者区分不够明显，应该如何修改测试条件？

参考文献

［1］杨睿．聚合物近代仪器分析［M］．北京：清华大学出版社，2010.

［2］中华人民共和国国家质量监督检验检疫总局．SN/T 2742—2010　PVC 材料中增塑剂含量的测定　气相色谱－质谱法［S］．北京：中国标准出版社，2010.

扩展阅读

1．岛津仪器公司 GCMS 定性分析数据报告示例。

样品信息

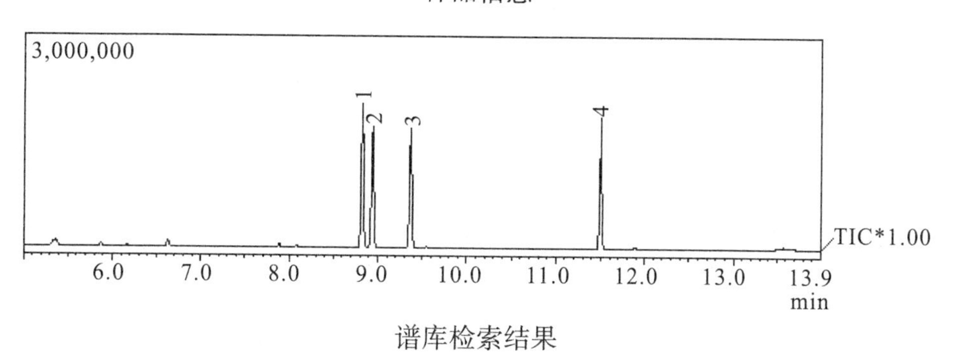

谱库检索结果

目标组分1：
保留时间：8.825(扫描数：460)，质量峰：182，基峰：75.05（666026）
原始模式：单个8.825(460)，背景模式：8.767(453)

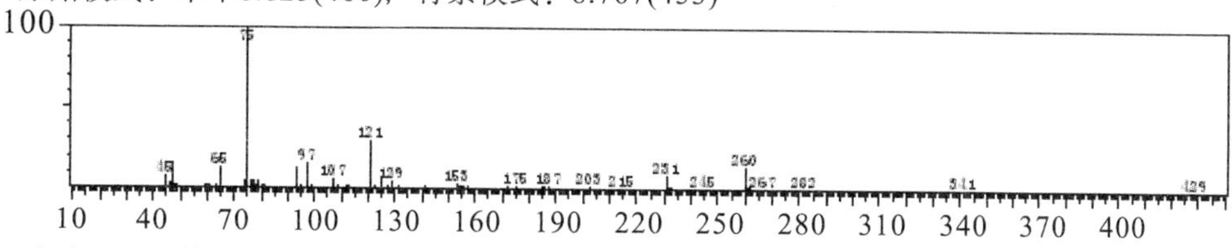

命中#：1　输入：82867　谱库：NTST08.LIB
ST：93　分子式：$C_7H_{17}O_2PS_3$　CAS：288-02-2　摩尔质量：260　保留指数：0
组分名称：Phosphorodithioic acid,0,0-diethyl S-[(ethylthio) methyl] ester

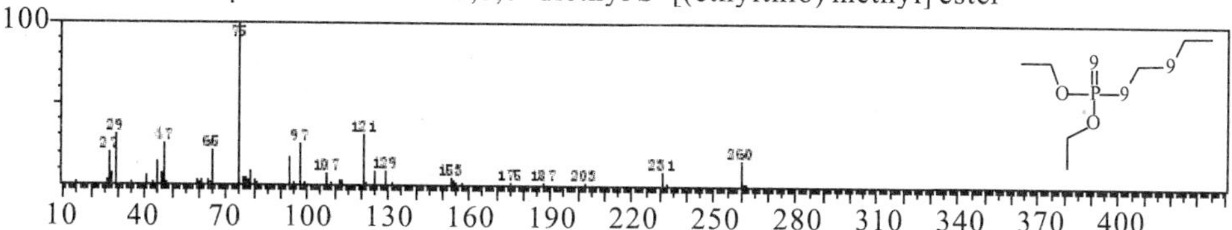

目标组分2：

保留时间：8.942(扫描数：474)，质量峰：173，基峰：180.95(155577)

原始模式：单个8.942(474)，背景模式：8.892(468)

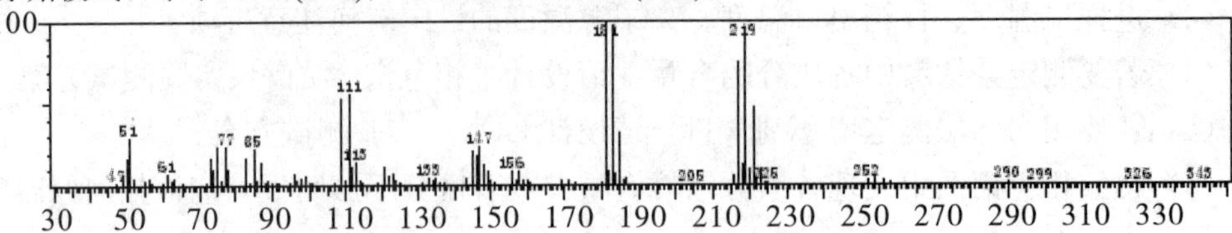

命中#：1　输入：102998　谱库：NIST08.LIB

SI：94　分子式：$C_6H_6C_{16}$　CAS：319-84-6　摩尔质量：288　保留指数：1718

组分名称：Cyclohexane,1,2,3,4,5,6-hexachloro-,($1\alpha,2\alpha,3\beta,4\alpha,5\beta,6\beta$)-

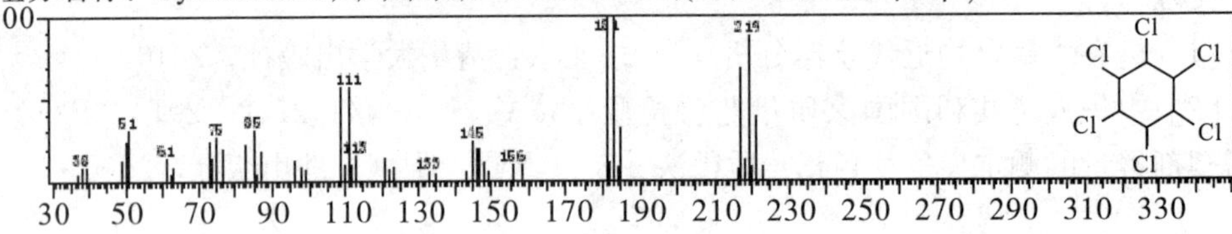

第 13 章　热重－红外光谱联用分析技术

13.1　热重－红外光谱分析仪

1. 热重－红外光谱分析仪的基本原理及使用特点

热重－红外光谱分析仪（TGA－FTIR）是将热重分析和红外光谱分析串联起来，检测样品在程序升温过程中发生质量变化时逸出气体的红外光谱信号，根据红外光谱信号对逸出气体化学成分进行鉴定。热重分析仪是测定样品在程序升温过程中的质量变化，红外光谱分析仪是鉴定热失重过程中逸出气体的化学成分。该技术在材料化学成分分析、混合物成分定性及定量分析、材料热/热氧降解机理分析、挥发物成分分析、燃烧产物分析、催化反应机理分析等方面应用广泛。

热重－红外光谱分析仪是通过接口及传输管线系统将热重分析仪和红外光谱分析仪连接起来，从热重分析仪中逸出的气体通过传输系统进入红外光谱分析仪的气体室，由红外检测器检测，两者的测试原理可参见本书第 8 章和第 15 章相关内容。测试时，传输管路和红外气体室要保持高温，防止气体在管路和气体室内凝结。气体传输过程中要控制适当的载气流速和流量，保证逸出气体能够及时到达红外检测室，减小在传输管路中的行程时间，提高测试精确度。

2. 热重－红外光谱分析仪使用注意事项

（1）遵守热重分析仪和红外光谱仪测试基本要求和注意事项（参见本书第 8 章和第 15 章）。

（2）测试结束后，还要保持接口、传输管线、红外检测室高温，并持续通入惰性气体，将残留在仪器内的热解气体吹尽，防止凝结于仪器中影响后续实验。

（3）定期清理接口和传输管线。

（4）测试过程中请勿碰触接口和传输管线，以免烫伤。

（5）测试时注意实验室通风良好，及时将废气排出室外，避免吸入体内损伤身体。

（6）严格按照仪器使用要求定期校准。

（7）严格按照仪器操作规程进行操作。

13.2 热重—红外光谱分析仪测试实验

1. 实验目的

(1) 掌握热重-红外光谱分析仪的测试原理及基本操作方法。

(2) 掌握混合物成分分析的测试方法。

(3) 掌握材料热分解产物的测定方法。

(4) 掌握数据处理方法。

2. 实验步骤

(1) 试样准备。

试样准备与热重分析仪测试的试样准备要求一致。根据样品热分解产物量的多少，适当增加或者减少样品用量。

(2) 参数设置要求。

接口及测试管路和红外气体室温度：该温度要高于逸出物质的沸点或者气化温度。通常设定在200℃以上，但不能超出设备的承受范围，也可根据厂家提供的参考值进行设定。

载气流速和流量：在惰性气体气氛下，载气流速和流量与逸出气体到达红外检测器的时间相关。载气流速过快，则会稀释样品浓度，红外吸收减弱，测试结果不够明显；载气流速过慢，则气体滞留在传输管线中的时间增加，降低测试效率。在反应性气体气氛下，载气流速与流量除了会影响红外光谱检测效率外，还会影响反应进程，建议尝试不同载气流速和流量进行测试，选取较为合适的条件作为后续类似实验的参考标准。当升温速度提高时，可以适当提高载气流速和流量，保证热失重产物能够及时流出热重分析仪进入红外气体室。

(3) 测试步骤。

打开热重分析仪主机、红外光谱分析仪主机、操作软件。通入载气将气路中的气体完全置换（约1小时），将传输管线和红外气体室温度升温至规定温度。先按照热失重测试的基本步骤进行样品称重、样品装载，编辑热分析测试程序，设定载气流速。再按照红外测试参数要求依次设定红外光谱测试范围、采谱次数、红外光谱分辨率。设定完毕后即可开始试验。

3. 谱图及数据分析

热重-红外光谱分析仪的谱图分析方法包括基本的热重数据处理方法和基本的红外光谱图解析方法，以及通过专用数据软件处理得到温度-红外吸收-热失重曲线叠加的3D数据谱图和逸出气体的温度-红外吸收强度谱图。图13.1为醋酸乙烯酯的热重-红外光谱3D数据谱图。图13.2为醋酸乙烯酯的热重-红外光谱2D数据谱图。

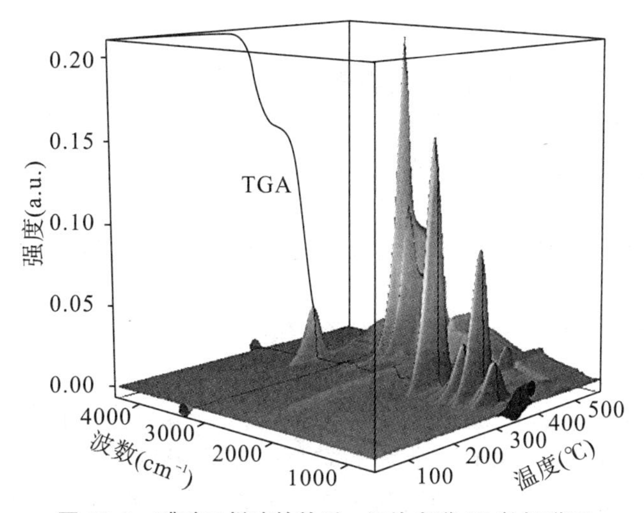

图 13.1　醋酸乙烯酯的热重-红外光谱 3D 数据谱图

图片来源：德国耐驰仪器制造有限公司。

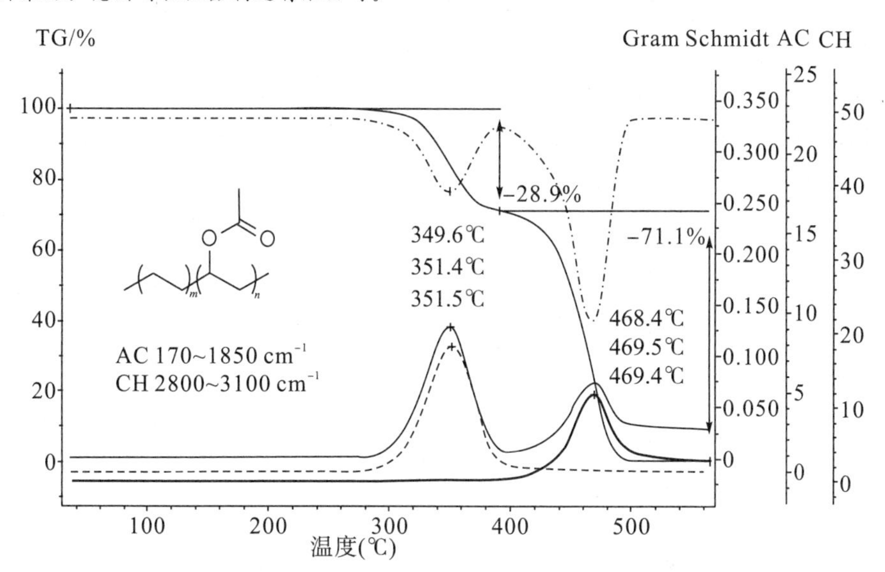

图 13.2　醋酸乙烯酯的热重-红外光谱 2D 数据谱图

注：纵坐标分别表示 AC 和 CH 官能团的红外吸收强度积分随温度的变化趋势。

图片来源：德国耐驰仪器制造有限公司。

13.3　参考实例

1. 聚合物降解试验

（1）样品：聚碳酸酯。

（2）实验目的：掌握热重-红外光谱联用测试方法。

（3）仪器设备：热重分析仪［梅特勒－托利多国际贸易（上海）有限公司，TGA/DSC 1 STAR System］。红外光谱仪［赛默飞世尔科技（中国）有限公司，NICOLET iS10，含有 TGA/FTIR interface 装置］。

（4）样品制备：样品精确称重装入三氧化二铝坩埚中，质量控制在 5～8 mg 为宜。

（5）程序设定。

①热重分析仪程序设定：空气气氛，气体流速 40 mL/min，以 20℃/min 升温至 800℃。

②红外光谱程序设定：每张谱图信号采集次数为 8 次。

（6）谱图及数据分析。

①首先分析热重谱图，分析升温过程中包含几个分解过程。由如图 13.3 所示的纯聚碳酸酯的热重曲线可知，只有一个热分解过程，热分解区间在 450℃～550℃之间。

②导入红外谱图，得到吸收强度与时间的关系谱图，即 Gram－Schmidt 谱图，如图 13.4(a) 所示。该谱图中只有一个吸收峰，对应时间在 20～25 min 之间，说明该时间段红外检测器探测到大量热分解气体。选取峰值时间（22.25 min）对应的红外光谱图即为该时间热分解气体对应的红外光谱图，如图 13.4(b) 所示。

③将第②步中分解气体红外光谱用红外光谱谱图数据库进行匹配检索，得到可能的分解产物化学结构（检索方法参见本书第 8 章），或者根据红外出峰位置进行官能团检索，分析分解产物中存在的特征官能团。

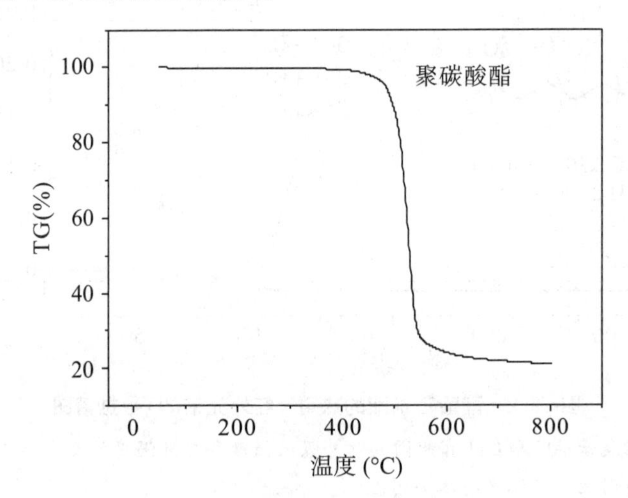

图 13.3 聚碳酸酯的热重曲线

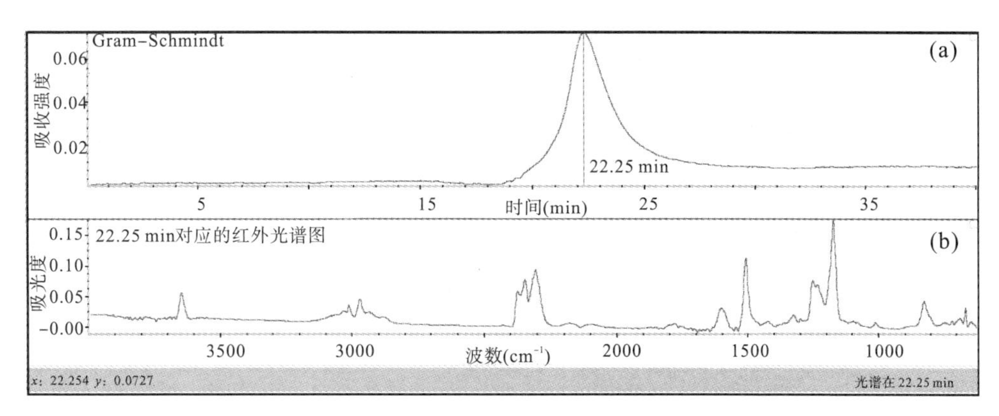

图 13.4　Gram-Schmidt 谱图（a）和 22.25 min 时热分解气体对应的红外光谱图（b）

2. 实验报告撰写要求

（1）撰写实验目的、测试原理、实验仪器构造。

（2）撰写制样过程、仪器参数设置、基本操作步骤。

（3）撰写实验测试方法和目的。

（4）分析实验结果并回答思考题。

3. 思考题

（1）请描述自己在试验中对实验原理、实验操作过程的理解，对实验结果准确程度的判断，自己的体会以及对该实验的经验积累，总结该类型实验中应该注意的问题，如何改进提高？

（2）如果热分解产物不是单一产物，是否需要在热重分析仪和红外光谱分析仪中间加入分离设备？如果需要加入，请问针对聚合物材料应该加入哪种设备？

（3）请设计实验，确定不同气体和流速下，红外光谱分析仪检测热分解产物的延迟时间。

（4）分析实验过程中每个热分解过程中释放出了哪些产物，并计算释放量。

第三部分　材料热性能表征及分析方法

第 14 章　材料的热历史表征及分析方法

14.1　差示扫描量热仪

1. 差示扫描量热仪的基本原理及使用特点

差示扫描量热法（Differential Scanning Calorimetry，DSC）是热分析技术的一种，它是在程序升温过程中，测量输入到参比样品和待测样品中的功率差随温度变化的情况，表征材料发生物理/化学变化时产生的热效应。该方法的应用领域十分广泛，可以用于分析物质相变，表征分子的结晶/熔融行为，测定氧化诱导期、化学反应中的热变化、聚合物材料的玻璃化转变过程、结晶动力学、反应动力学参数等。调制 DSC 技术可以进一步区分材料在变温过程中的可逆热流（如玻璃化转变、熔融等）与非可逆热流（固化、挥发、降解等）的变化，将一个同时包含可逆和不可逆热流信号的复合峰分解成多个单一热流信号峰。

差示扫描量热仪主要由炉体、信号放大器、气氛控制装置和控制系统组成。其中炉体是差示扫描量热仪最重要的部分，根据测试原理的不同，差示扫描量热仪可分为补偿型和热流型，如图 14.1(a)、(b) 所示。图 14.1(a) 为补偿型差示扫描量热仪的双炉体结构，每个炉体下有一组补偿加热丝，待测样品和参比样品分别放置在两个炉体中，保证待测样品和参比样品的热流变化是在相同且相互隔绝的环境中测定的。当待测样品吸热时（如熔融），待测样品温度低于参比样品温度，待测样品下的补偿加热丝电流增大，对待测样品加热，直至两者温度相同；当待测样品放热时（如结晶），待测样品温度高于参比样品温度，参比样品下的补偿加热丝电流增大，对参比样品加热，直至两者温度相同，以此保证两个炉体温差为零，使系统始终在动态零位平衡状态。因此，补偿型差示扫描量热仪测试的是热功率和温度之间的关系。热流型差示扫描量热仪是单炉体，待测样品和参比样品放置在同一容器中，在程序升、降温时，待测样品内部发生物理/化学变化，产生吸热或放热现象，导致待测样品温度改变量与参比样品不一致而产生温差，根据待测样品和参比样品温差与程序温度的对应关系推算待测样品在程序升、降温过程中的热流变化。

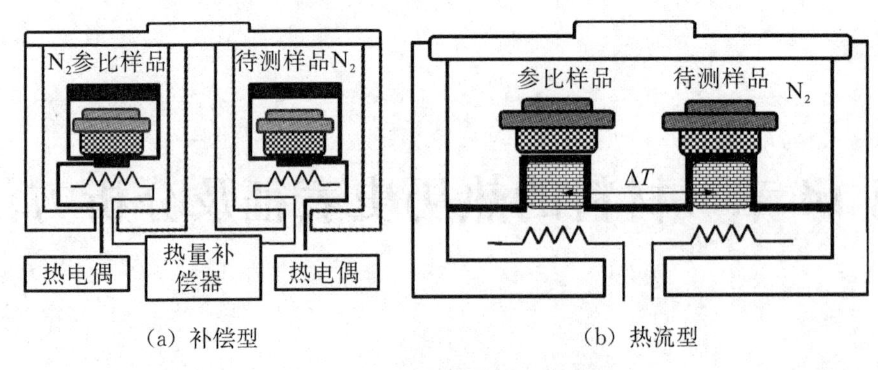

(a) 补偿型　　(b) 热流型

图 14.1　差示扫描量热仪的炉体

2. **调制 DSC 测试原理**

调制 DSC（Modulated Differential Scanning Calorimetry，MDSC）是在传统线性变温基础上叠加一个正弦震荡的温度程序（图 14.2），同时测量热容变化和热流量。测量结果是与升温速率相关的热容信号和与升温速率不相关的动力学部分，前者为可逆热流（如玻璃化转变、融化转变），后者为不可逆热流（如结晶、分子松弛、固化、挥发、分解等），其表达式为

$$dH/dt=c_p(dT/dt)+f(T,t) \tag{14.1}$$

式中，$c_p(dT/dt)$ 为总热流量的可逆热流成分；$f(T,t)$ 为总热流量的动力学部分，由总信号与热容成分之差计算；dH/dt 为 DSC 测得的总热流量。

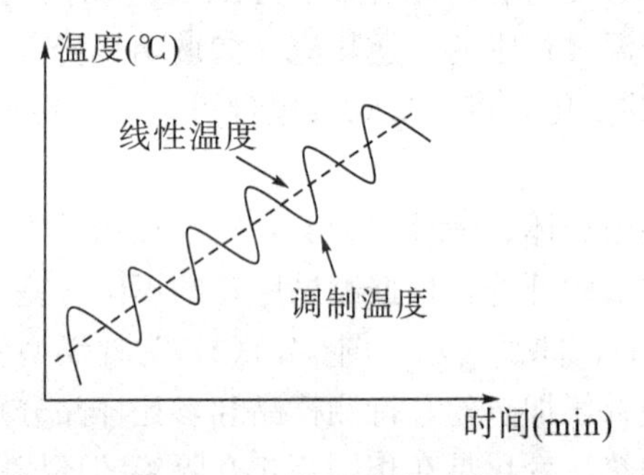

图 14.2　MDSC 的温度程序

MDSC 测试条件的设置需要考虑如下三点：

(1) 调制周期长，保证传感器与试样之间的热流传递。

(2) 调制振幅大，保证良好的灵敏度，过大则会降低分辨率。

(3) 平均升温速度慢，保证有较多的热循环。一般来说，T_g 区域和冷结晶/熔融区域的半峰宽包含四个以上调制周期为佳。

相比 DSC，MDSC 具有如下几点优势：

(1) 可将混合信号分解成可逆和非可逆信号，有助于分析材料的热历史过程。

(2) 能更精确地测量热容和结晶度。

(3) 检测信号的灵敏度变高。

（4）对聚合物初始结晶度的测量更加准确。

3. **差示扫描量热仪使用注意事项**

（1）测试温度范围不得超出坩埚耐受温度，更不能超出 DSC 测试要求范围。
（2）设置温度不能超过样品的分解温度。
（3）使用环境注意通风。
（4）严格按照仪器使用要求定期校准。
（5）严格按照仪器操作规程进行操作。

14.2　差示扫描量热仪表征材料的热历史

1. **实验目的**

（1）掌握差示扫描量热仪的基本构造和测试原理。
（2）掌握样品的制样方法。
（3）掌握基本测试、调制模式测试方法，完成对材料物性参数和可逆/非可逆热容测试实验。
（4）掌握数据软件的使用方法，熟练分析基本测试和调制模式测试中的各种信息，明白其含义。

2. **实验步骤**

（1）试样准备。
取 5～10 mg 样品，装入样品皿压实、封装，且体积不超过坩埚体积的 2/3。制样过程需注意：①薄片状样品最佳，若不是，则可以切碎成粒状再填装，保证样品与样品皿底部能充分接触；②先用热重分析仪测试样品的热分解温度，再进行 DSC 测试，确保样品的 DSC 升温范围远低于样品的热分解温度；③样品应为不易挥发物质，且不含易挥发组分，不为膨胀性材料；④保证 DSC 样品皿干净，并封装样品；⑤坩埚材质一般为铝制坩埚，或为不与样品发生反应的导热性良好的金属材质坩埚。
（2）参数设置要求。
测试温度范围：根据样品玻璃化转变温度、结晶温度、熔点等设定升温范围。
升温程序设定：设定升温速率及恒温时间，用于测定样品的玻璃化转变温度、结晶温度、熔点、结晶动力学、氧化诱导期等参数。
调制 DSC：对于易检测的 T_g，调制周期通常为 40 s，升温速度为 3℃/min，调制振幅为±0.318℃；对于难检测的 T_g，调制周期通常为 60 s，升温速度为 2℃/min，调制振幅为±0.318℃；对于在 T_g 以下有很大的热熔松弛的样品，调制周期通常为 40 s，升温速度为 1℃/min，调制振幅为±0.16℃。升温速率要保证在转变过程中有 4 个以上调制周期数，即玻璃化转变台阶区域或者熔融/结晶峰的半峰宽内包含 4 个以上的调制周期。

(3) 测试步骤。

打开高纯氮气瓶（测试氧化诱导期时还须打开高纯氧气瓶），确保输出压力为0.1 MPa。打开仪器电源、计算机、制冷机。打开软件，进入测试界面。待仪器稳定后，将精确称重的待测样品放在一侧检测器上，将空的铝制坩埚作为参比样品放置在另一侧检测器上。编辑测试程序（或者调制模式下的测试程序），编辑完毕后开始实验。实验结束后保存数据，并按要求关机。

3. **谱图及数据分析**

(1) 常规 DSC 谱图分析及影响因素。

图 14.3 为 DSC 综合数据谱图，涵盖了聚合物最主要的五种热历史：玻璃化转变、结晶、熔融、化学反应和热分解。其中玻璃化转变、熔融、热分解属于吸热行为；结晶、化学反应（如固化、氧化等）属于放热行为。

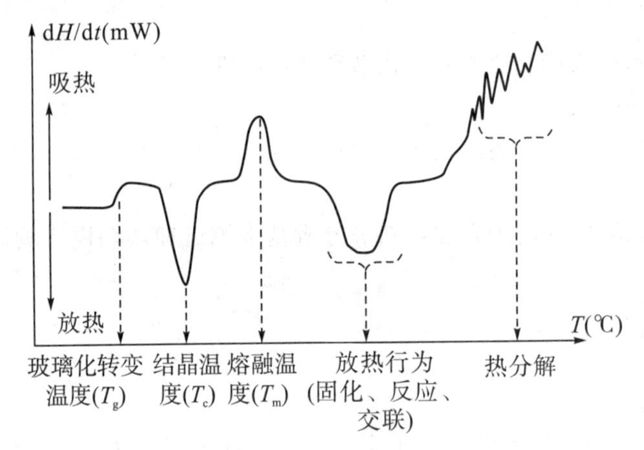

图 14.3 DSC **综合数据谱图**

①玻璃化转变过程。

玻璃化转变在 DSC 谱图上呈现出一个台阶的形状。玻璃化转变温度一般取台阶中点值［图 14.4(a)］，也可将基线与曲线切线（斜率绝对值最大）的交点作为玻璃化转变温度［图 14.4(b)］。玻璃化转变与众多因素相关，除样品本身因素（如相对分子量、结晶度、交联度等）外，还与测试条件有很大关系。常用的测试方法有两种：一是快速降温，慢速升温；二是慢速降温，快速升温。

影响 T_g 的因素主要有以下几点：

a. 测试玻璃化转变温度前需先消除样品的热历史，降低热焓松弛对 T_g 的影响。

b. 升、降温速度。降温速度越快，越能保证样品分子链迅速冻结而不发生热焓松弛、分子链有序化等现象，测出的 T_g 越接近真实值。由于热滞后的原因，升温速度越快，测出的 T_g 偏离程度越大。

c. 样品与样品皿底部接触越紧密，越有利于热传递，测试结果也越准确。样品填装不宜过厚，太厚会增加热传导时间，造成仪器测定的温度与样品内部实际温度有偏差。

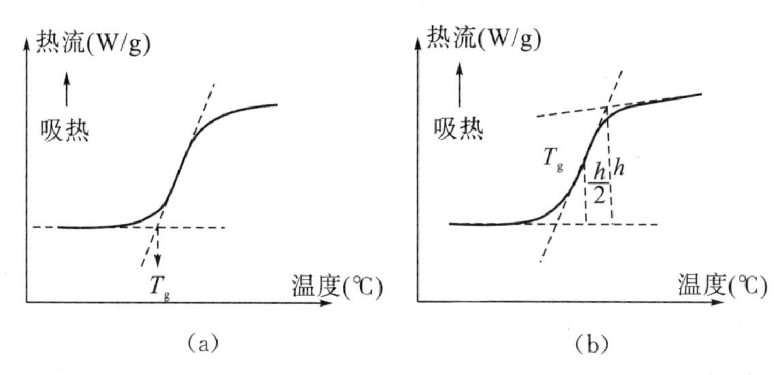

图 14.4　玻璃化转变温度的解析方法

②结晶/熔融过程。

结晶/熔融过程是个放热/吸热的过程，在曲线上会出现结晶/熔融峰。峰值对应的温度为结晶温度（T_c）/熔融温度（T_m）。基线与熔融曲线上升段切线（斜率绝对值最大）的交点为起始熔融温度（T_{im}）；基线与结晶曲线下降段切线（斜率绝对值最大）的交点为起始结晶温度（T_{ic}）。测试过程中须选择合适的升、降温速度来测试结晶温度和熔融温度，升温速度越快，熔融温度越高；降温速度越快，结晶温度越低。这个现象是由聚合物的特性决定的，无法避免。同一批次的样品应该用相同的测试条件进行测试，得到的结果才具有可对比性。与 T_g 测试一样，样品不宜填装太厚，且保证样品与样品皿底部接触紧密。

对熔融过程曲线峰面积进行积分得熔融热焓，其与样品的标准熔融热焓的比值为样品的结晶度。图 14.5 为熔融温度、熔程及结晶温度范围。

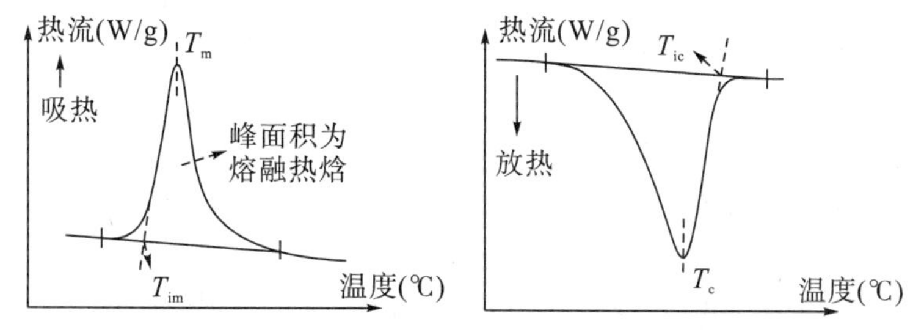

图 14.5　熔融温度、熔程及结晶温度范围

（2）调制 DSC 结果分析。

图 14.6 为典型的聚对苯二甲酸乙二醇酯（PET）的 MDSC 信号。总热流信号即为传统 DSC 的热流信号，可逆热流信号为热容改变（玻璃化转变）以及熔融信号，不可逆热流信号是指伴随在玻璃化转变过程中发生的热焓松弛、冷结晶过程，以及包含在熔融过程中的结晶完善行为。

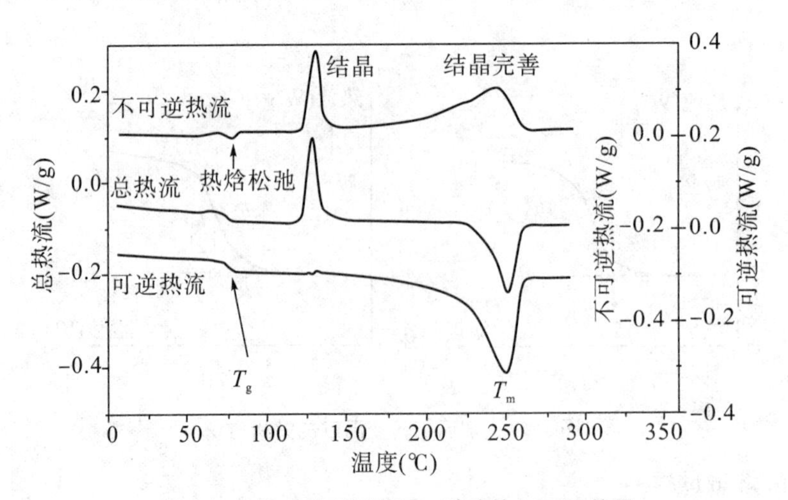

图 14.6 聚对苯二甲酸乙二醇酯的 MDSC 信号

图片来源：美国 TA 仪器公司。

14.3 参考实例

1. 聚合物热力学参数的测定

（1）样品：聚对苯二甲酸乙二醇酯（PET）。

（2）实验目的：掌握差示扫描量热仪测定聚合物热力学参数的方法。

（3）仪器设备：差示量热扫描仪（美国 TA 仪器公司，Q200）。

（4）样品制备：样品精确称重后封装在铝制坩埚中，质量控制在 5～8 mg 为宜。

（5）程序设定。

①常规测试程序：30℃下恒温 5 min，以 5℃/min 升温至 250℃（观察 PET 结晶和熔融行为）；在 250℃下恒温 1 min 以消除热历史；再以 5℃/min 降温至 30℃（观察 PET 的结晶行为）。

②调制测试程序：30℃下恒温 5 min，设定 60 s 内完成一个调制循环（振幅为±1℃），将该调制模式下的升温速率设定为 3℃/min，升温至 200℃。

（6）谱图及数据分析。

经分析软件处理后得到样品的结晶温度、熔融温度、结晶热焓、熔融热焓以及玻璃化转变温度，如图 14.7 所示。

对调制信号的分析要先确定 T_g 区域或结晶/熔融区域的半峰宽是否包含四个以上调制周期，若包含，则说明数据可信度较高，可继续分析玻璃化转变温度、熔融温度等热历史参数；若不包含，则建议更改调制程序参数重新测试。图 14.8 为 PET 的 MDSC 信号。

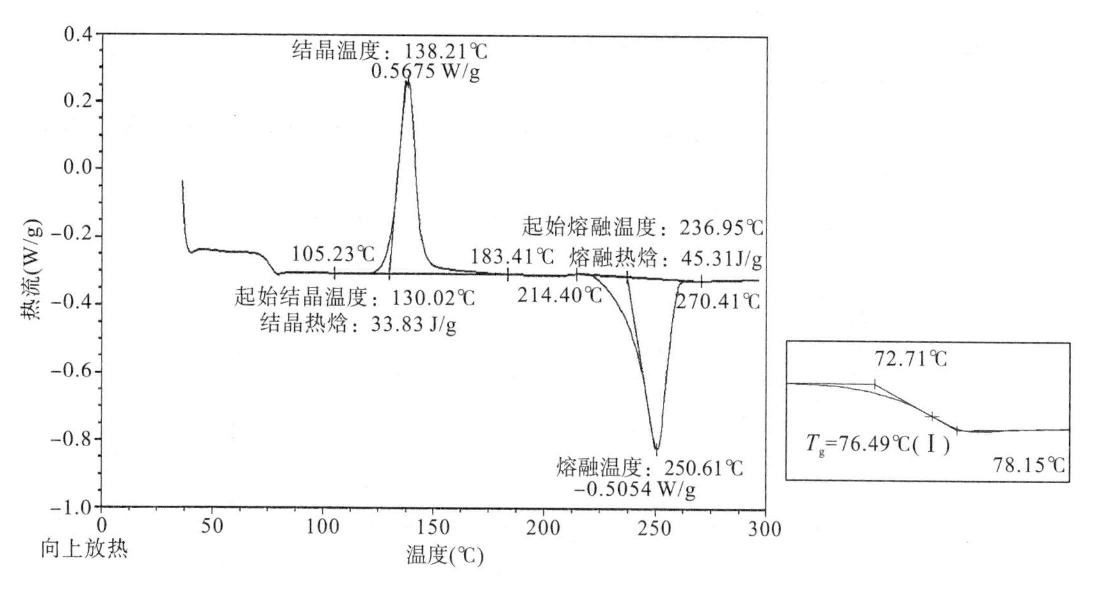

图 14.7　DSC 谱图数据处理结果

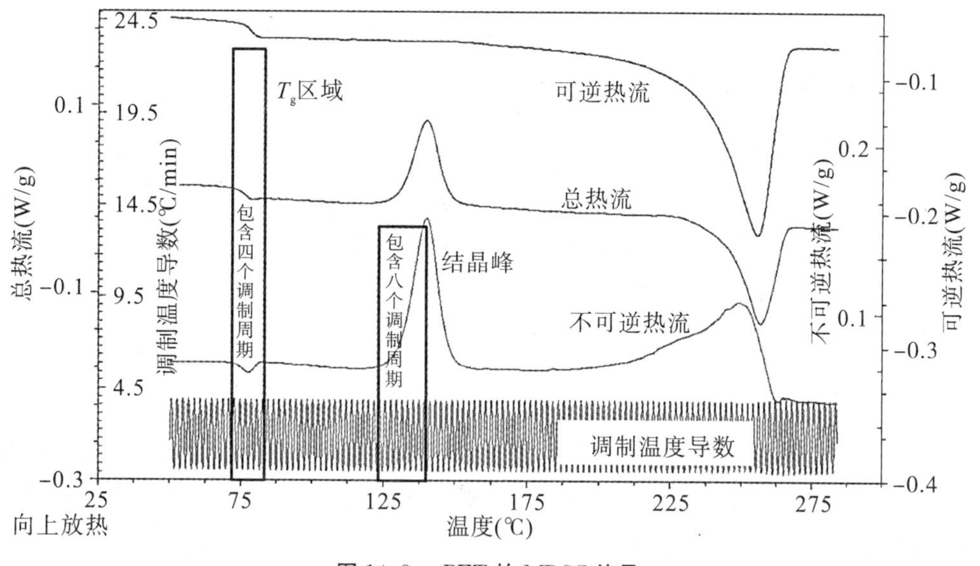

图 14.8　PET 的 MDSC 信号

图片来源：美国 TA 仪器公司。

2. 聚合物氧化诱导时间的测定

（1）样品：橡胶。

（2）实验目的：掌握差示扫描量热仪测定聚合物氧化诱导时间的方法和谱图及数据分析方法。

（3）仪器设备：差示扫描量热仪（美国 TA 仪器公司，Q200）。

（4）样品制备：精准称重 5~8 mg，密封后在盖子上打 3~4 个气孔。

（5）程序设定：30℃下恒温 5 min，以 10℃/min 升温至 210℃，恒温 5 min，切换

氧气气氛后恒温 100 min，待氧化峰出现。

（6）谱图及数据分析。

橡胶的氧化诱导时间测定结果如图 14.9 所示。用切线分析法处理谱图可知，样品在 210℃下的氧化诱导时间为 53.20 min。

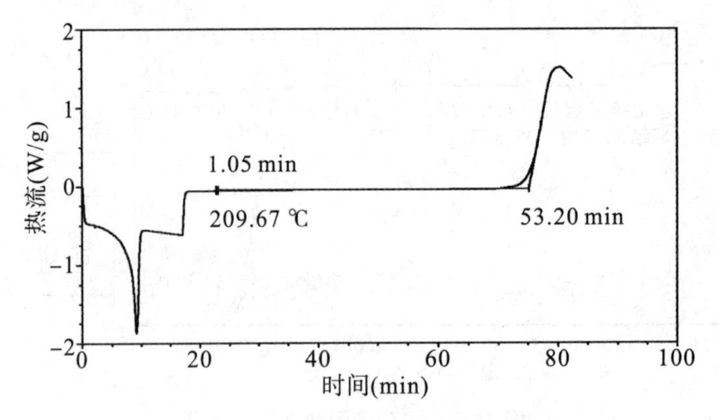

图 14.9　橡胶的氧化诱导时间测定结果

在动态测定氧化诱导温度时，通常采用切线法确定氧化诱导温度，具体方法参见中华人民共和国国家标准 BG/T　19466.6—2009。[1]

3. 实验报告撰写要求

（1）撰写实验目的、测试原理、实验仪器构造。

（2）撰写制样过程、仪器参数设置、基本操作步骤。

（3）撰写实验测试方法和目的。

（4）分析实验结果并回答思考题。

4. 思考题

（1）请描述自己在试验中对实验原理、实验操作过程的理解，对实验结果准确程度的判断，自己的体会以及对该实验的经验积累，总结该类型实验中应该注意的问题，如何改进提高？

（2）除测试条件外，从分子链结构、材料凝聚态结构以及加工历史方面分析影响材料 T_g、结晶、熔融温度的影响因素。

（3）MDSC 是如何确定材料的 T_g 的？

（4）从分子链运动的角度分析 DSC 曲线变化的原因。

（5）设计实验：如何使用 DSC 区分无规共聚物和嵌段共聚物？

（6）思考聚乙烯回收料与新料在 DSC 谱图上的区别，如何利用 DSC 区分回收料与新料？

（7）查阅资料，设计测试聚乙烯氧化诱导温度的实验及数据处理方法。

（8）DSC 测定的结晶度和 XRD 测定的结晶度有什么不同？两者是否具有可比性？为什么？

参考文献

[1] 中华人民共和国国家质量监督检验检疫总局. BG/T　19466.6—2009　塑料差示扫描量热法（DSC）第6部分：氧化诱导时间（等温OIT）和氧化诱导温度（动态OIT）的测定［S］. 北京：中国标准出版社，2010.

扩展阅读

1. JANDALI M Z，WIDMANN G. 热分析应用手册：热塑性聚合物［M］. 陆立明，唐远旺，蔡艺，译. 上海：东华大学出版社，2008.

2. JURGEN，SCHAWE. 热分析应用手册：弹性体［M］. 陆立明，译. 上海：东华大学出版社，2008.

3. RIESEN R. 热分析应用手册：热固性树脂［M］. 陆立明，译. 上海：东华大学出版社，2008.

第 15 章　材料的热稳定性表征及分析方法

15.1　热重分析仪

1. 热重分析仪的基本原理及使用特点

热重分析法（Thermogravimetric Analysis，TGA）是热分析技术的一种，它是在程序控温下（升/降/恒温），测量热环境中样品质量随温度变化的情况，根据样品质量的改变情况分析样品可能发生的物理变化（如升华、汽化、吸附、解吸、吸收等）、热分解行为以及其他化学变化（如脱水、化合等），推测材料的热稳定性、氧化稳定性、组分含量、材料结构、吸水性、挥发物含量等物理化学参数，以及表观反应动力学。

热重分析仪由天平、炉子、控温系统以及数据记录系统组成。天平是热重分析仪的核心部件，能精确测量样品的质量变化，精确度可达到 0.1 μg。控温系统能精确控制炉体升温的速度，同时维持稳定的炉温。热重分析仪的结构如图 15.1 所示。

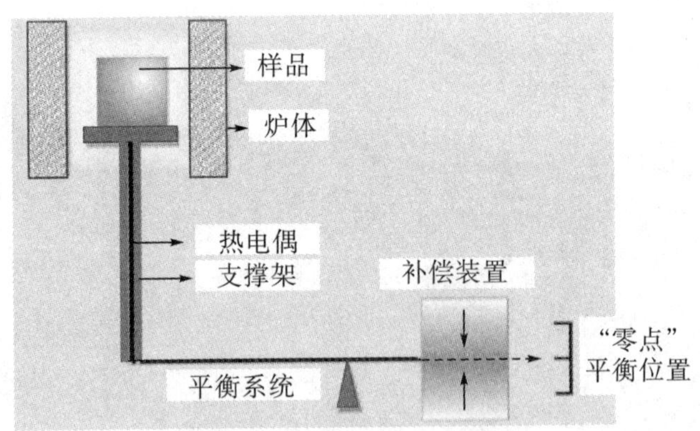

图 15.1　热重分析仪的结构

图片来源：德国耐驰仪器制造有限公司。

热重分析仪的测试原理有变位法和零位法。变位法是利用天平倾斜与质量变化成正比的关系，通过测量天平倾斜度而换算出样品质量。零位法是利用电磁感应原理，调整天平系统上电磁线圈中电流的大小，保证电磁线圈产生的电磁感应力刚好使天平恢复平衡，再根据力与样品质量的关系计算出样品的质量。

2. 热重分析仪使用注意事项

（1）样品不能与坩埚反应，且没有膨胀性。

（2）测试的废气经过滤后方能排放至户外，严禁废气排放在室内或者密闭场所。使用环境保持通风良好。

（3）天平对轻微震动都很敏感，所以对天平的存放与使用都要避震良好。

（4）严格按照仪器使用要求定期校准。

（5）严格按照仪器操作规程进行操作。

15.2　热重分析仪分析材料的热稳定性

1. 实验目的

（1）掌握热重分析仪的基本构造和测试原理。

（2）掌握热重分析仪的测试方法和制样方法。

（3）完成对样品的热重性能测试。

（4）掌握软件的使用方法，能够熟练分析测试结果中的主要信息，并理解其中的含义。

2. 实验步骤

（1）试样准备。

取 5～10 mg 样品切成小块，用百万分之一克的分析天平精确称重后，均匀平铺在氧化铝坩埚底部，压实并与底部紧密接触。注意：①薄片状样品最佳，若不是，则可以切碎成粒状再填装，保证样品与样品皿底部能充分接触；②样品不能与坩埚发生化学或物理反应；③保证坩埚干净。

（2）参数设置要求。

测试温度范围：根据样品的热分解温度设定测试温度范围。

升温程序设定：根据测试目的设定升温速率、恒温时间、测试气氛等条件。若测试热分解温度，则只需设定温度范围、升温速度、载气流速。若测试样品的热稳定性，则要设定温度范围、升温速度，以及某一温度下的恒温时间和载气流量。

（3）测试步骤。

打开高纯气瓶（常用气氛有高纯氮气、高纯空气、高纯二氧化碳），确保输出压力为 0.1 MPa。打开仪器、计算机。点击软件进入程序编辑界面，待天平平衡归零后放置样品，设定样品重量、升温速度、温度范围、气体流量等信息。点击开始，测试完成后保存数据。

3. **谱图及数据分析**

(1) 典型热重分析谱图。

热重曲线表示在程序变温过程中样品质量随温度变化的情况。失重现象表明样品可能发生分解反应、挥发、还原反应、解吸附等变化；增重现象表明样品发生氧化反应或者吸附现象。[1]图 15.2 为典型的热重曲线，包含了一步热失重过程，即只存在一个热失重台阶（曲线 A 点到 E 点的过程）。当某些样品存在多步热失重时，曲线会出现多个台阶，每个台阶对应一步热失重过程。其中 A 点是起始反应温度；B 点是外延起始反应温度，即基线与下降段曲线的切线（斜率绝对值最大）的交点；C 点为热重曲线对时间的一阶导数最大值对应的温度，即最大反应速率温度；D 点为外延终止反应温度，取值方法与 B 点相同；E 点为终止反应温度。

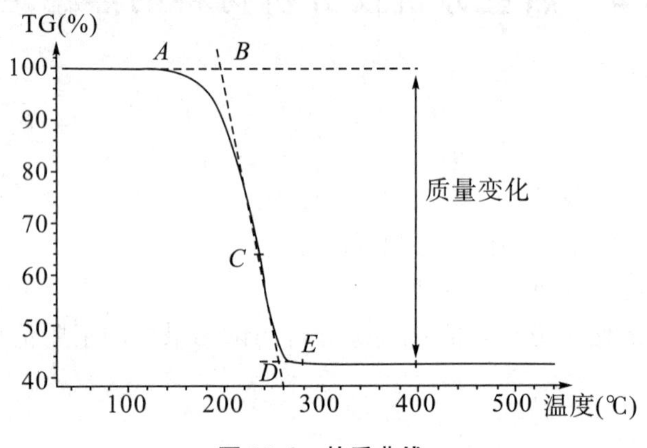

图 15.2　**热重曲线**

热重曲线对温度求一阶导数（DTG 曲线）可以精确得到样品起始反应温度、最大反应速率，以及终止温度等，特别是针对多阶段化学变化的情况。图 15.3 为 DTG 曲线及对应的 TG 曲线。其中 A 点是起始分解温度；C 点是最大反应速率温度；E 点是终止分解温度。

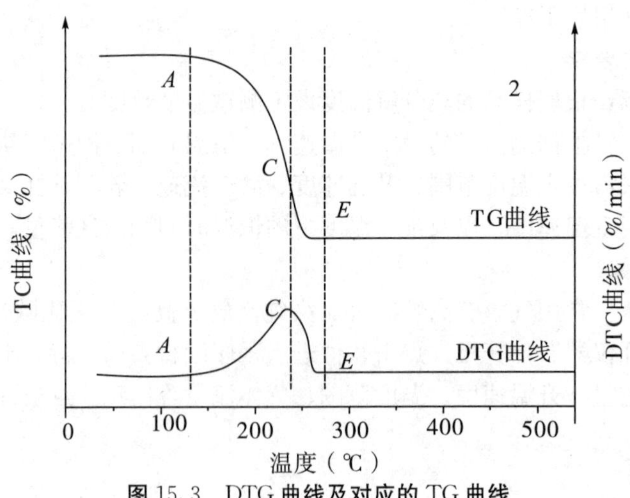

图 15.3　DTG **曲线及对应的** TG **曲线**

（2）影响热重分析实验结果的因素。

①样品质量。

热重分析法所用天平灵敏度较高（一般为 0.1 μg），样品质量在 5～10 mg 之间为宜。样品不宜过多，否则样品由外向内的温差会导致内外质量变化不均衡。样品粒度越细越好，应与坩埚底部充分接触，保证传热良好，减弱热降解温度向高温区漂移的幅度。

②坩埚。

每次测量时要使用干净的坩埚，且样品不能与坩埚发生化学反应。常用的坩埚为三氧化二铝材质，使用范围在 1700℃以内。碳酸钠等强碱弱酸盐会与三氧化二铝反应，因此，该类物质测试时须使用铂金材质的坩埚，但铂金材质的坩埚不能用于盛放具有加氢或者脱氢活性的有机物，以及含有硫、磷和卤素的聚合物。此外，还有石英、玻璃、铝质（450℃以下可以使用）的坩埚可供选择。为了保证热传导、热扩散以及反应产物的挥发，应选择轻质、浅底且较薄的坩埚。

③升温速率。

升温速率越快，温度滞后越严重，结果偏差越大，不利于准确检测中间产物的信号，还会使曲线分辨率下降。除了降低升温速率、提高分辨率外，还可采用高分辨热重分析仪，以得到比常规热重分析仪更精确的数据。

④气氛。

针对样品反应生成产物的特点，通常用氮气、氦气等既不能促进也不抑制样品热降解过程的惰性气体，或根据特殊实验条件选择氧化性或者还原性气氛。气流吹扫样品能快速带走分解产物，保证热降解反应顺利进行。为了防止挥发产物在样品支架或者坩埚上凝结而造成最终结果偏低的假象，一般选择气流为 40 mL/min。但是气流越大，样品的表观增重越严重，因此，只有在相同气氛流量下测定的数据才具有可对比性。

⑤气体浮力。

高温时的气体密度比低温时的低，对样品的浮力减小，测得空白坩埚在高温下的质量比低温下的高，出现表观增重的现象。德国耐驰仪器制造有限公司设计的 TGA 采用的就是扣除基线的方法来解决该问题，先测定空白样品（即空白坩埚的热重实验）得到基线，再从实测数据中扣除基线数据。美国 TA 仪器公司则通过零位平衡的测量原理以及水平吹扫气体系统解决此问题。

⑥定期校正。

定期对仪器进行温度和质量校正来保证系统的稳定性，减小仪器的系统误差。

15.3　参考实例

1. 表征聚合物热重变化

（1）样品：聚氨酯。

（2）实验目的：掌握热重分析仪表征聚合物热重变化的方法。

（3）仪器设备：热重分析仪（德国耐驰仪器制造有限公司，TG－209F1）。

（4）样品制备：样品精确称重后装在三氧化二铝坩埚中，质量控制在 5～8 mg 为宜。

（5）程序设定：氮气气氛，气体流速 60 mL/min，以 10℃/min 升温至 700℃。

（6）谱图及数据分析。

用切线法处理得到该样品的起始分解温度为 290.3℃，如图 15.4 所示。该样品的分解过程中出现两个分解阶段，每个阶段的质量损失分别为 71.02%和 22.17%，如图 15.5 所示，对应的最大热分解温度和速率分别为 318.1℃，－12.85%/min 和 412.4℃，－4.38%/min，如图 15.6 所示。

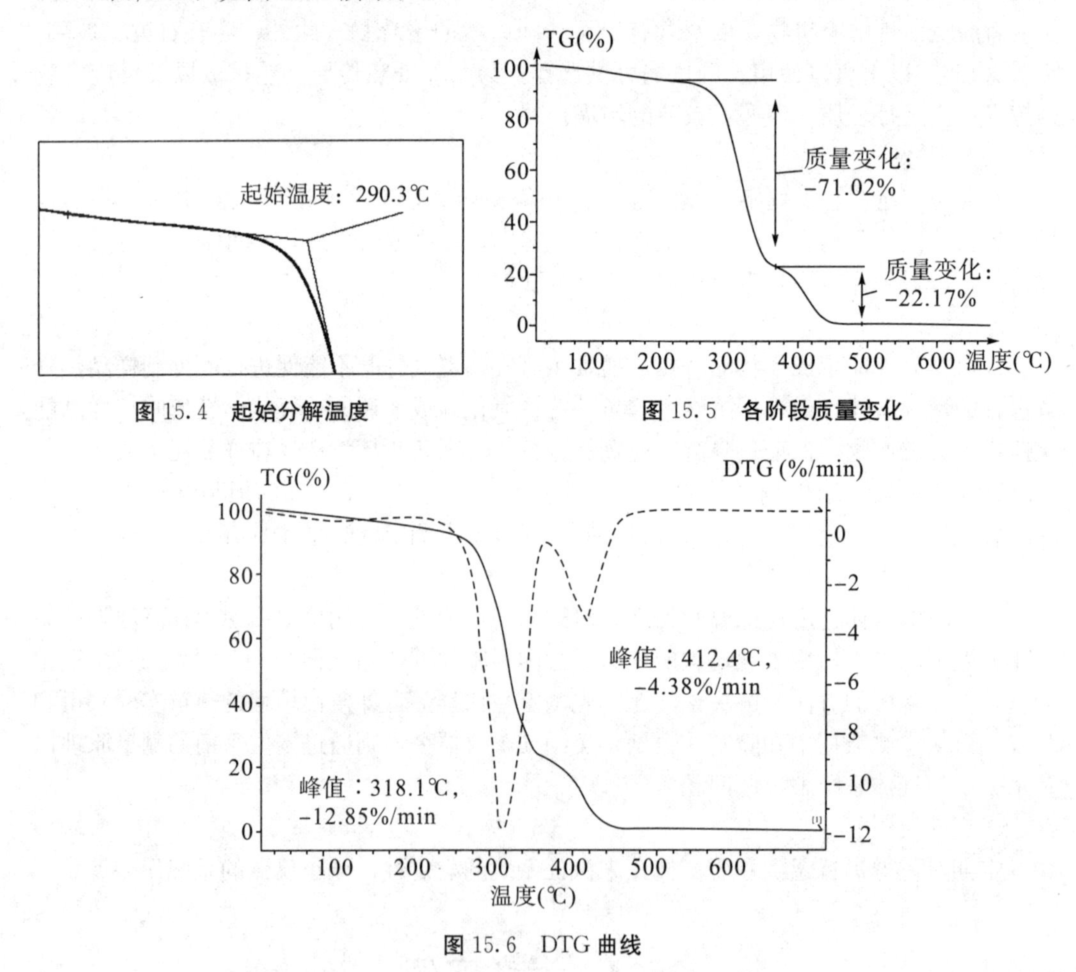

图 15.4　起始分解温度

图 15.5　各阶段质量变化

图 15.6　DTG 曲线

2. 实验报告撰写要求

（1）撰写实验目的、测试原理、实验仪器构造。

（2）撰写制样过程、仪器参数设置、基本操作步骤。

（3）撰写实验测试方法和目的，解释测试程序的意义。

（4）分析样品的起始分解温度以及终止分解温度，求 DTG 曲线并解释其意义。

（5）给出实验结论，并回答思考题。

3. **思考题**

（1）请描述自己在试验中对实验原理、实验操作过程的理解，对实验结果准确程度的判断，自己的体会以及对该实验的经验积累，总结该类型实验中应该注意的问题，如何改进提高？

（2）影响热重分析测试结果的因素有哪些？在测试时如何避免？

（3）如何利用热重分析区分无规共聚和嵌段共聚的聚合物？

（4）分析样品每个阶段失重的原因。

（5）根据聚乙烯降解机理，解释聚乙烯热重曲线。

参考文献

[1] 杨睿. 聚合物近代仪器分析 [M]. 北京：清华大学出版社，2010.

扩展阅读

1. JANDALI M Z，WIDMANN G. 热分析应用手册：热塑性聚合物 [M]. 陆立明，唐远旺，蔡艺，译. 上海：东华大学出版社，2008.

2. JURGEN，SCHAWE. 热分析应用手册：弹性体 [M]. 陆立明，译. 上海：东华大学出版社，2008.

3. RIESEN R. 热分析应用手册：热固性树脂 [M]. 陆立明，译. 上海：东华大学出版社，2008.

第16章　材料的动态热机械性能表征及分析方法

16.1　动态机械分析仪

1. 动态机械分析仪的基本原理及使用特点

动态机械分析法（Dynamic Mechanical Thermal Analysis，DMA）是分析材料热机械性能的重要表征手段，它是根据材料的力学性能对温度、频率或者振幅变化的响应情况，测量聚合物材料的黏弹行为。通过调整测试温度范围、频率范围得到聚合物材料的弹性性能、黏性性能、热膨胀性能、形变性能、阻尼性能、蠕变性能。DMA具有拉伸、压缩、弯曲（单双悬臂梁、三点弯曲、S形弯曲）、剪切、扭转等多种测试模式，使用配套的夹具，可以测定样品在不同模式下的弹性模量（拉伸模量、压缩模量、剪切模量、体积模量等）、损耗模量、损耗因子。DMA具有较宽的频率测试范围，一般在1×10^{-5}～200 Hz之间。DMA具有温度扫描、频率扫描、时间扫描、动态应力-应变扫描、蠕变模式、热变形等多种测试模式，在测试聚合物材料的T_g以及次级转变时比DSC具有更高的灵敏度。[1]

动态机械分析仪由两个部分组成：一是动力驱动部分，二是炉体和夹具部分。工作时，外部炉体对样品加热，动力驱动部分通过夹具把交变应力传递到样品上。根据温度、交变应力频率、位移变化等数据得到样品的储能模量、损耗模量和损耗因子等。图16.1为动态机械分析仪常用的测试夹具及使用示意图。

2. 测试方法

（1）动态力学温度扫描（简称温度谱）用于测试材料在恒定频率下的动态力学性质随温度改变的情况，得到材料的储能模量、损耗模量、损耗因子及材料的松弛转变温度，考察材料的结晶/熔融行为、多相组分的相容性、材料阻尼行为、填料效应，是DMA测试中最常用的测试方法。

（2）动态力学频率扫描（简称频率谱）用于测试材料在恒定温度下的动态力学性质

与应力频率的依赖关系，考察分子间相互作用情况以及材料的阻尼性质。

(3) 动态力学时间扫描（简称时间谱）用于测试材料在恒定频率、恒定温度下的动态力学性能随时间的变化，得到材料的固化动力学参数、固化反应活化能、凝胶系数等。[1]

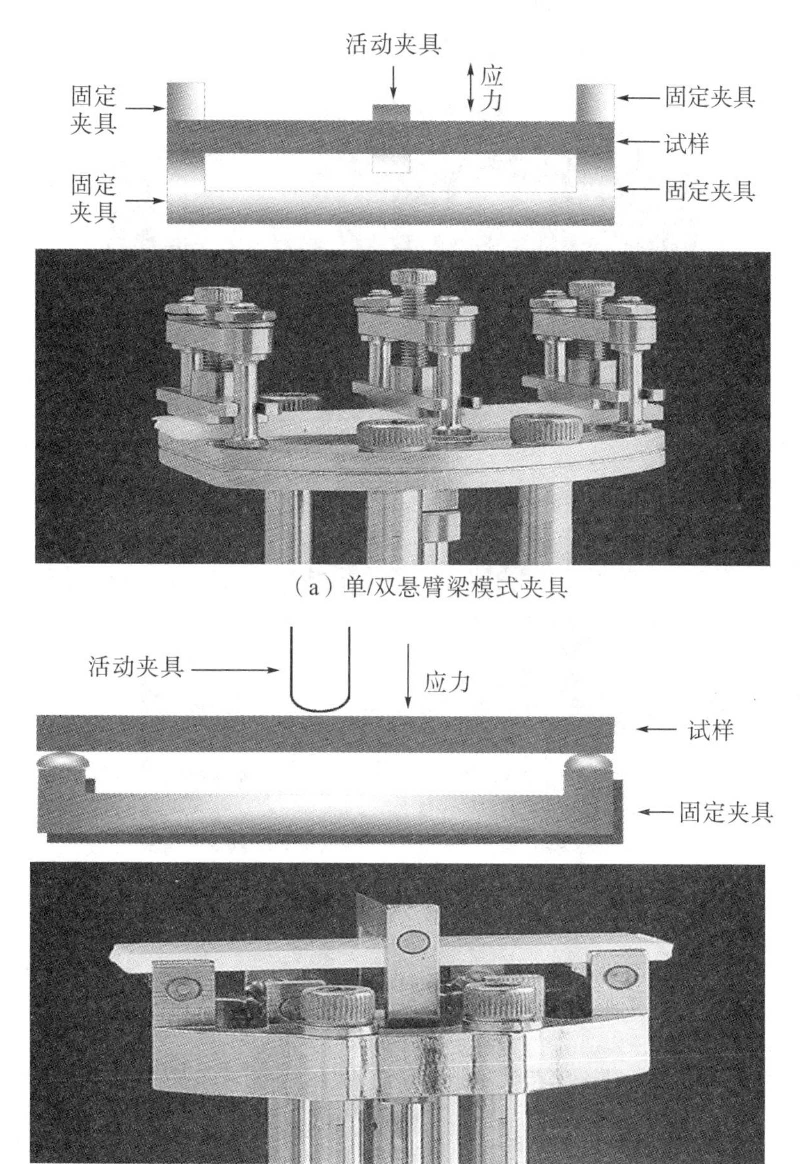

(a) 单/双悬臂梁模式夹具

(a) 三点弯曲模式夹具

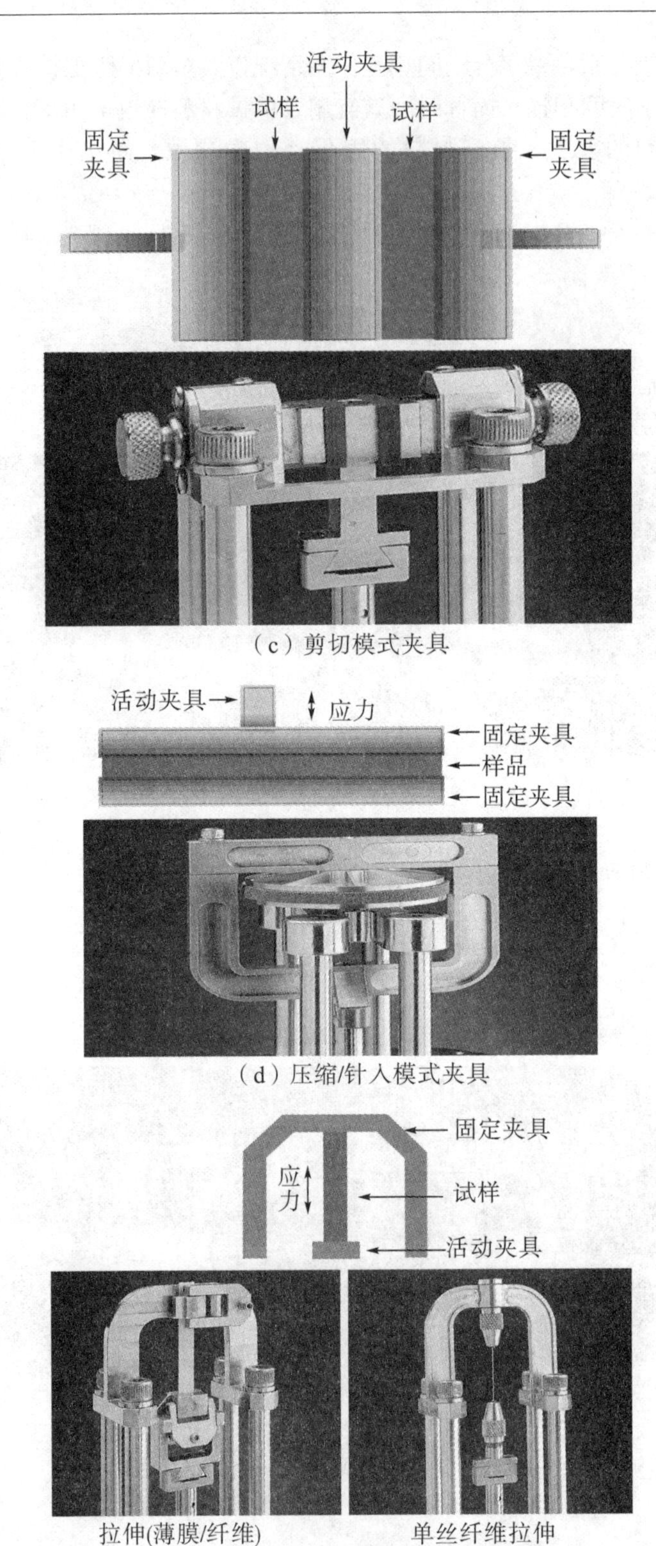

（c）剪切模式夹具

（d）压缩/针入模式夹具

（e）拉伸模式夹具

图 16.1　动态机械分析仪常用的测试夹具及使用示意图

3. 夹具的使用方法*

（1）单/双悬臂梁模式。

在单/双悬臂梁模式下，样品的两端（双悬臂梁）或一端（单悬臂梁）固定，通过中间活动夹具的往复运动施加应力。主要用于热塑性和高阻尼材料的测量，双悬臂梁还是研究热固性材料固化的理想工具。

（2）三点弯曲模式

在三点弯曲模式下，样品的两端置于支架上，样品的中部施加应力。由于测试结果不包含夹具的夹持效应，所以三点弯曲模式被认为最纯粹的形变模式。

（3）剪切模式。

在剪切模式下，两个相同大小的样品分别被夹在两端固定、中间运动的圆盘之间，通过圆盘的往复运动对样品施加动态剪切应力。主要用于凝胶、黏合剂、高黏度树脂和其他高阻尼材料的测试。

（4）压缩/针入模式。

在压缩/针入模式下，样品被固定在平坦的圆盘上，通过上盘的运动将力施加在样品上。适用于压缩模量不高的（如泡沫和弹性体）黏弹性材料的测量。该模式还可以用来测量黏合剂在静态力下的膨胀和针刺入深度。

（5）拉伸模式。

在拉伸模式下，样品的两端分别被夹持在夹具的固定端和运动端。适用于薄膜和纤维的测量。

4. 测试原理

周期性的外力会引起聚合物试样产生周期性的形变，试样中的分子产生弹性形变会吸收且存储一部分能量，该能量在分子恢复形变后重新释放且没有损耗；另一部分能量在分子产生形变时以热的形式消耗掉，如形变运动中的摩擦生热。聚合物材料的应变始终落后于应力一个相位（相位滞后是材料分子链来不及响应应力改变产生的结果）。以拉伸为例，应力和应变随时间的变化关系为

应变：
$$\varepsilon=\varepsilon_0\sin\omega t \tag{16.1}$$

应力：
$$\sigma=\sigma_0\sin(\omega t+\delta)\ (0<\delta<90^\circ) \tag{16.2}$$

式中，ε 为应变；ε_0为应变振幅（应变最大值）；ω 为角频率；ωt 为相位角；σ 为应力；σ_0为应力振幅（应力最大值）；δ 为应力或应变相位角差值（滞后相位角）。

将式（16.2）展开为

$$\sigma=\sigma_0\sin\omega t\cos\delta+\sigma_0\cos\omega t\sin\delta \tag{16.3}$$

由式（16.3）可知，应力由两部分组成，前半部分与应变同相位，后半部分与应变相差 $\pi/2$。将该式两边除以应变最大值 ε_0，整理得：

$$\sigma=\varepsilon_0E'\sin\omega t+\varepsilon_0E''\cos\omega t \tag{16.4}$$

* 参考美国 TA 仪器公司资料。

式中：

$$E'=\sigma_0\cos\delta/\varepsilon_0 \tag{16.5}$$

即储能模量，是与应变同相位的模量，反映储存能量的大小。

$$E''=\sigma_0\sin\delta/\varepsilon_0 \tag{16.6}$$

即损耗模量，是与应变异相位的模量，反映耗散能量的大小。

式（16.6）与式（16.5）的比值为 $\tan\delta$，称为损耗角正切或损耗因子：

$$\tan\delta=\frac{E''}{E'} \tag{16.7}$$

5. 动态机械分析仪使用注意事项

（1）测试前需要校准各夹具。

（2）安装样品和更换夹具时用力适当，避免夹具变形和损伤试样。

（3）样品测试前需要精确测量尺寸。

（4）仪器安装环境需防震。

（5）使用过程中会释放大量氮气，应保持周围环境通风良好。

（6）严格按照仪器操作规程进行操作。

16.2 动态机械分析仪表征材料的动态热机械性能

1. 实验目的

（1）掌握动态机械分析仪的基本构造和测试原理。

（2）掌握不同夹具的功能及适用条件。

（3）掌握双悬臂梁模式夹具测定样品动态机械行为及其分析方法。

（4）掌握数据软件的使用方法，能够熟练分析测试结果中的主要信息，理解其中的含义。

2. 实验步骤

（1）试样准备。

将样品制备成具有均匀厚度、长度、宽度的长方体、片材或者直径均匀的纤维、圆柱体。测试前，样品需干燥，且将样品表面处理光滑、平整、无缺陷。测量样品尺寸（长、宽、厚、直径），精确到 0.01 mm。

不同夹具对样品尺寸要求不同，具体要求如下：

①三点弯曲模式夹具、双悬臂梁模式夹具：45～50 mm（长）×5～10 mm（宽）×2～5 mm（厚）。

②单悬臂梁模式夹具：25～30 mm（长）×5～10 mm（宽）×2～5 mm（厚）。

③拉伸模式夹具：>30 mm（长）×3～6 mm（宽）×0.1～2 mm（厚）。

④单丝纤维拉伸模式夹具：>30 mm（长）×0.8 mm（直径）。

⑤压缩模式夹具：4～10 mm（厚）×40 mm（直径）。

⑥剪切模式夹具：1～4 mm（厚）×10 mm^2（面积），2 个。

（2）夹具选择。

根据测试模量类型（拉伸模量、压缩模量、剪切模量）、样品受力方式选择夹具，并按夹具尺寸要求制样。在测试条件下始终能被夹持的塑料、橡胶、复合材料（包括预浸料）等可采用单/双悬臂梁模式；高模量材料（如已固化树脂及复合材料、金属、陶瓷等）可采用三点弯曲模式；薄膜、纤维以及在测试条件下始终处于高弹态的橡胶可采用拉伸模式，纤维需要专用的单丝纤维拉伸模式夹具。

（3）测试条件选择。

动态力学性能测试必须在该材料的线性黏弹范围内测定才有效，因此，在测试前须对样品进行室温条件下的动态应力－应变扫描，以确定该材料的线性黏弹区域，根据结果选取线性黏弹范围内的应力或应变结果作为测试条件。

（4）测试步骤。

把足量液氮填充至液氮罐。打开仪器、计算机、液氮罐开关。打开软件进入测试界面。测试前首先进行校准，校准包括电子校准（electronic）、位置校准（position）、力校准（force）、夹具校准（clamp）、动态校准（dynamic）。每次开机均需要进行位置校准、力校准、夹具校准；更换夹具时必须进行夹具校准；电子校准每半年进行一次。校准前须移除全部的驱动夹具和测试夹具，根据校准步骤逐一校准。校准完成后，编辑测试方案（包括测试模式、测试类型、夹具类型、样品尺寸、振幅、频率、起始终止温度、升温速度），方案编辑完毕后安放试样并关闭炉体。开始实验，待实验结束后保存数据。关闭主机、液氮罐、电脑、电源。

3. 谱图及数据分析

（1）温度谱。

温度谱上可能会出现多个损耗因子（$\tan\delta$）峰，分别对应着材料的主转变——玻璃化转变（α 转变）和其余次级转变（β，γ，δ 转变）。玻璃化转变是聚合物中无定形或非晶区部分链段由冻结到自由运动的转变，标志着材料从坚硬的玻璃态转变成柔软的橡胶态，对应温度称为玻璃化转变温度（T_g）。其余次级转变是不同温度下分子链侧基、支链、主链或侧链上的官能团以及个别链段的运动由冻结到自由运动的转变，对应的温度为 T_β，T_γ，T_δ，即次级转变温度。由于这些运动需要的能量低，通常发生在低于玻璃化温度的区域。图 16.2 为典型的均相非晶态聚合物动态力学温度谱。该图谱是检测材料次级转变的常用方法，也是研究材料次级转变与低温韧性关系的有力工具。

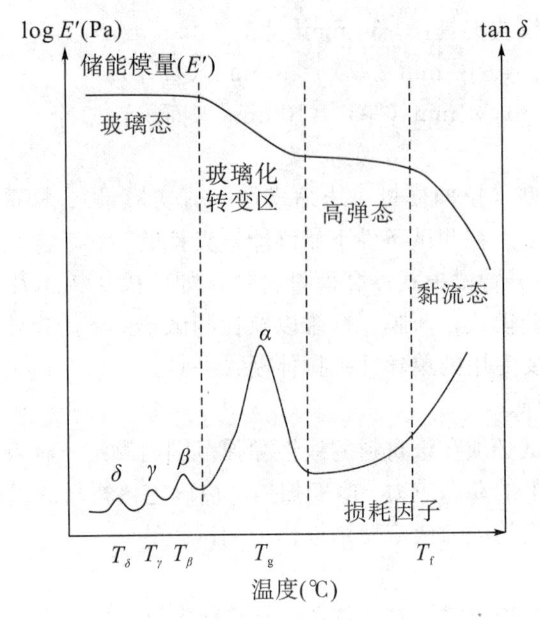

图 16.2　均相非晶态聚合物动态力学温度谱

（2）频率谱。

材料的力学行为除了与温度有关外，还与应变频率有关，图 16.3 是典型的均相非晶态聚合物动态力学频率谱。高频下材料表现为刚性（玻璃态），低频下表现为弹性。这两种状态下的 E' 和 $\tan\delta$ 随频率变化均不明显。当 $\omega=\omega_0$ 时，链段发生玻璃化转变，运动时须克服很大的摩擦力，部分能量转化成热能耗散，内耗增大，$\tan\delta$ 达到峰值，此时 $E'(\omega)$ 也随频率变化而急剧变化。同理，当外力频率接近侧基、支链、主链或侧链官能团以及个别链段的运动频率时，将产生内耗峰，发生次级转变。与温度谱相比，频率谱可以更细致地观察较小的次级转变。

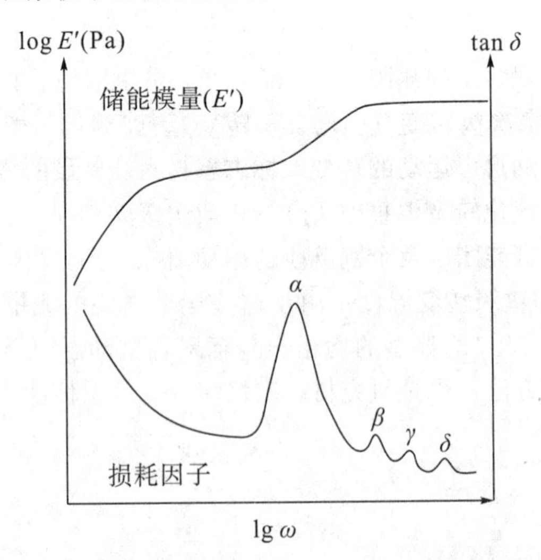

图 16.3　均相非晶态聚合物动态力学频率谱

根据时－温叠加的原理，将频率谱进行水平、垂直平移和叠加后可得聚合物动态力学主曲线，即材料在某一参考温度下跨越很宽频率范围（约十多个数量级）的动态力学频率谱，反映材料的频率依赖性。水平平移因子和垂直移动因子的计算方法可以参见《高分子物理》时－温等效原理章节的具体内容。[2]

（3）时间谱。

动态力学时间扫描模式是测量材料在恒温、恒定频率下动态力学性能随时间的变化情况，简称时间谱。根据材料的弹性模量或者损耗因子随时间的变化，研究热固性材料的凝胶时间、固化反应活化能及转化率等固化动力学参数，为选择最佳的固化工艺提供直接依据。固化反应体系分子量较低，处于流体或半固体状态，储能模量较低。随固化时间增加，分子量增大，分子链增长，体系模量上升；当到达凝胶点时，体系出现交联，模量急剧上升；待固化完全时模量趋于恒值。图 16.4 为固化反应储能模量时间谱。

凝胶点：从零时刻到达凝胶点的时间。采用图中切线法确定凝胶点。

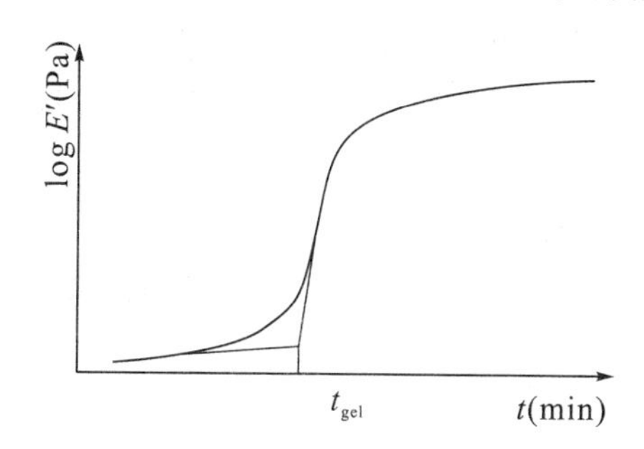

图 16.4　固化反应储能模量时间谱

4. 影响 DMA 实验结果的因素

影响 DMA 实验结果的主要因素有升温速率、测试频率、测量模式以及环境因素。

（1）升温速率。

聚合物普遍存在热滞后效应，升温速度越快，热滞后越严重，测定的转变温度越高。不同材料的热滞后效应也不相同，即在相同的升温速率下，转变温度偏移量也不相同。升温速度对储能模量测试值影响不大。通常情况下，选择升温速度在 3～10℃/min 之间，样品尺寸越大，热滞后越明显，应用较低的升温速度。

（2）测试频率。

动态力学测试是研究材料在交变应力作用下力学性能随时间或温度改变而变化的情况。测试频率的改变会影响材料储能模量、特征转变温度、损耗因子的具体测量数值，即频率依赖性。

（3）测量模式。

根据样品的模量级别选择合适的夹具，材料储能模量越大，受形变模式的影响越大。高模量材料如金属、热固性材料用三点弯曲模式最佳。模量小的材料可用悬臂梁模式。

（4）环境因素。

对于易吸水或者含有其他易挥发溶剂的材料，测试前应该将溶剂烘干。溶剂分子在材料中可以起到增塑的作用，因此，储能模量比实际值偏低，溶剂含量越多，偏离越大。

（5）定期校正。

定期进行温度和质量校正来保证系统的稳定性，消除系统内部构件造成的误差。

16.3 参考实例

1. 聚合物储能模量、损耗模量、玻璃化转变温度的测定

（1）样品：苯乙烯－异戊二烯－苯乙烯嵌段聚合物。

（2）实验目的：掌握聚合物储能模量、损耗模量、玻璃化转变温度的测试方法。

（3）仪器设备：动态机械分析仪（美国 TA 仪器公司，Q200，三点弯曲模式夹具）。

（4）样品制备：裁成 45 mm（长）×5 mm（宽）×2 mm（厚）的样条。

（5）参数设置：振幅 25 μm，预拉伸力 0.01 N，起始温度－80℃～150℃，升温速度 3℃/min，频率 1 Hz。

（6）谱图及数据分析。

图 16.5 为苯乙烯－异戊二烯－苯乙烯嵌段聚合物的动态力学温度谱。从图中可以分析，该材料具有两个玻璃化转变温度，分别对应的是异戊二烯和苯乙烯。随着温度的升高，材料的储能模量和损耗模量都下降。

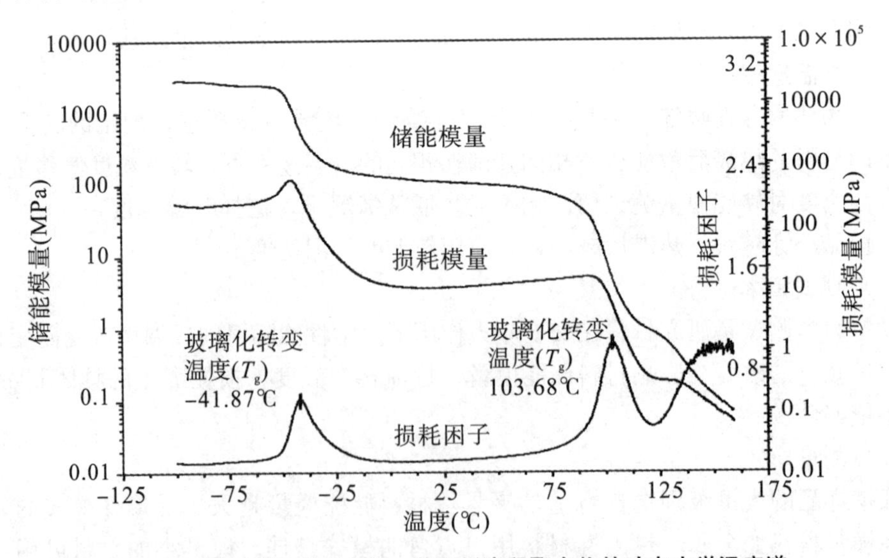

图 16.5 苯乙烯－异戊二烯－苯乙烯嵌段聚合物的动态力学温度谱

2. **橡胶 Payne 效应的测试**

（1）样品：天然橡胶/丁苯橡胶/炭黑共混物。

（2）实验目的：掌握频率谱的测试方法。

（3）仪器设备：动态机械分析仪（美国 TA 仪器公司，Q200，拉伸模式夹具）。

（4）样品规格：15 mm（长）×5 mm（宽）×2 mm（厚）。

（5）参数设置：应变范围 0～50 μm，测试温度 60℃，频率 1 Hz。

（6）谱图及数据分析。

图 16.6 为天然橡胶/丁苯橡胶/炭黑共混物的频率谱。从图中可知，共混物在低应变区储能模量高，随着应变增大，储能模量降低，具有明显的 Payne 效应。因填料形成的网络结构可能在高应变下被破坏而无法及时恢复，从而导致储能模量下降。

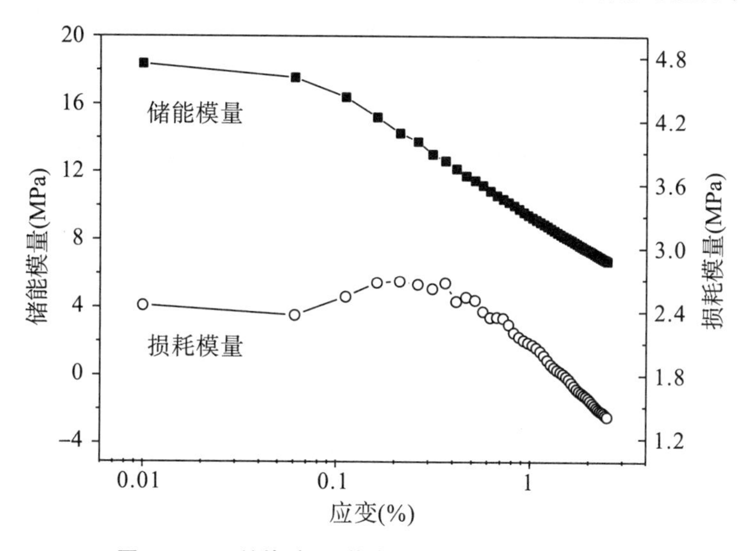

图 16.6　天然橡胶/丁苯橡胶/炭黑共混物的频率谱

3. **实验报告撰写要求**

（1）撰写实验目的、测试原理、实验仪器构造。

（2）撰写制样过程、仪器参数设置、基本操作步骤。

（3）撰写实验测试方法和目的，解释测试程序的意义。

（4）分析样品的储能模量、损耗因子，标定玻璃化转变温度。

（5）写出实验结论，并回答思考题。

4. **思考题**

（1）请描述自己在试验中对实验原理、实验操作过程的理解，对实验结果准确程度的判断，自己的体会以及对该实验的经验积累，总结该类型实验中应该注意的问题，如何改进提高？

（2）影响储能模量、玻璃化转变温度结果的因素有哪些？测试时应如何避免？

（3）讨论无规共聚物和嵌段共聚物动态力学温度谱的差异。

（4）讨论聚合物力学性质与温度、频率、时间的关系。

（5）思考如何设计测试聚乙烯频率谱的测试条件。

（6）请查资料推导固化反应活化能及转化率的计算方法，并设计相关测试实验。

参考文献

［1］杨万泰．聚合物材料表征与测试［M］．北京：中国轻工业出版社，2008.

［2］何曼君．高分子物理［M］．上海：复旦大学出版社，2001.

扩展阅读

1. JANDALI M Z，WIDMANN G．热分析应用手册：热塑性聚合物［M］．陆立明，唐远旺，蔡艺，译．上海：东华大学出版社，2008.

2. JURGEN，SCHAWE．热分析应用手册：弹性体［M］．陆立明，译．上海：东华大学出版社，2008.

3. RIESEN R．热分析应用手册：热固性树脂［M］．陆立明，译．上海：东华大学出版社，2008.

第 17 章　材料的静态热机械性能表征及分析方法

17.1　热机械分析仪

1. 热机械分析仪的基本原理及使用特点

热机械分析法（Thermo－Mechanical Analysis，TMA）是热－力学分析技术的一种，主要分析材料外形尺寸（二维或三维）随外界温度以及外力变化的改变情况。该方法是表征聚合物材料尺寸稳定性的重要手段。根据材料外形尺寸与温度的关系可测定材料的热膨胀系数、玻璃化转变温度、软化点、凝胶点等；根据材料外形尺寸与时间的关系可以测定材料的蠕变性能。此外，还可施加外力测定复合材料中各组分的界面强度或者界面相容性，如增强填料与基体界面、基板与涂层界面、层压板各层界面等。TMA 具有多种形变模式的测试方法，如压缩模式、拉伸模式、弯曲模式、体膨胀模式等，利用与之配套的探头，可以测定不同形状样品的热－力学性能。

TMA 由炉体探头、测量系统、载荷系统以及数据记录系统组成。测量系统中的线性位移传感器是该系统的核心部分，在较宽温度范围（－150℃～1000℃）内测量样品膨胀或收缩所产生的尺寸变化。载荷系统是利用非接触式马达对样品施加一种无损耗形式的力（包括静态力、线性变化力和振荡动态力），力的大小范围一般是 0.001～1 N，额外加载砝码还可以将力增加至 2 N。TMA 的常用探头及使用示意图如图 17.1 所示。

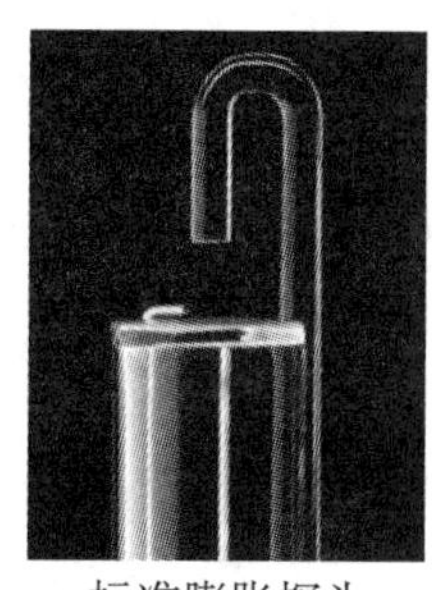

标准膨胀探头

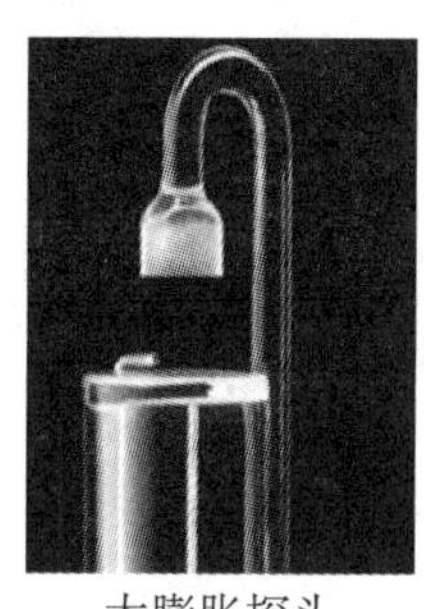

大膨胀探头

(a) 膨胀探头

穿刺探头

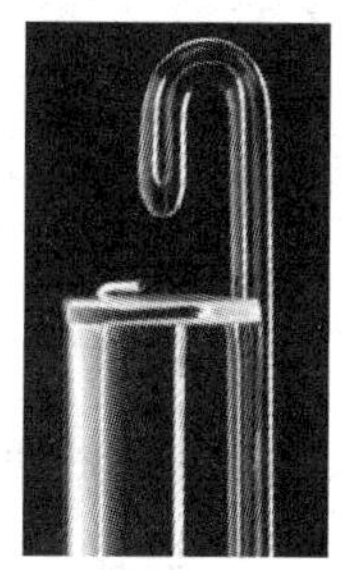

半球形探头

(b) 穿刺探头

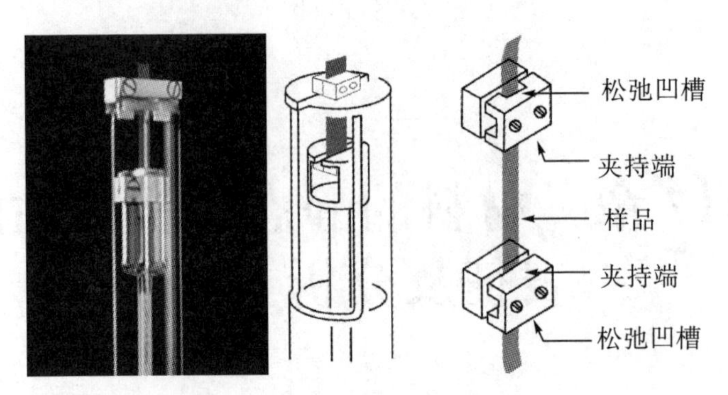

(c) 薄膜/纤维拉伸夹具

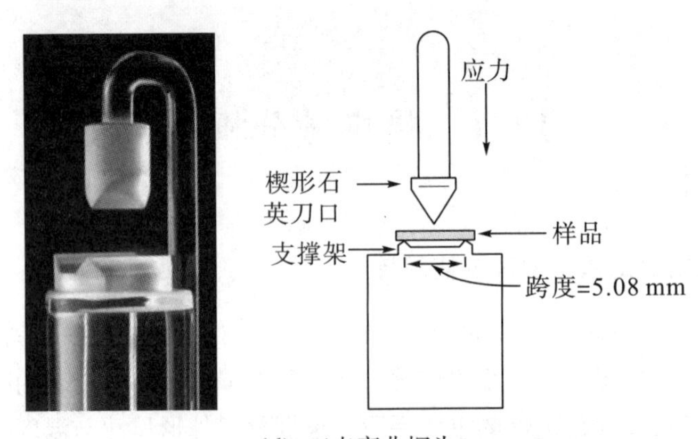

(d) 三点弯曲探头

图 17.1 TMA 的常用探头及使用示意图

图片来源：美国 TA 仪器公司。

2. **测试方法**

(1) 线性升温法：恒定作用力，在线性升温程序下测量材料位移变化，可测材料的线性膨胀系数、玻璃化转变温度、软化点以及相变行为。

(2) 等应变（收缩力）法：恒定应变，测量样品在线性温度程序下保持应变不改变所需要的力，测定材料收缩力。

(3) 线性力变化法：恒定温度，测量样品在线性变化力作用下产生的应变，得到材料的力位移曲线和模量信息。

(4) 应力/应变法：恒定温度，对样品施加线性变化的应力或应变，测量相应的应力值或应变，得到应力/应变图谱及相关的模量信息。

(5) 蠕变/应力松弛法：蠕变测试时应力保持不变，测量应变变化。应力松弛测试与蠕变测试相反，保持应变不变，测量应力衰减情况。

3. **探头的使用方法**

(1) 膨胀探头。

膨胀探头用于测定材料的线膨胀系数（CTE）、玻璃化转变温度（T_g）和压缩模量。将标准膨胀探头放置在样品上（施加较小的静态力），当样品发生膨胀或者收缩行为时，会带动探头向上或向下运动。根据探头的位移大小计算样品的膨胀量、CTE、T_g 和压缩模量。该模式适用于绝大多数固体样品，其中大膨胀探头有利于柔软、不规则形状的样品以及粉末和薄膜样品的测试。

（2）穿刺探头。

穿刺探头前段的凸起可对样品表面一个很小的地方施力，测定材料的体积尺寸变化、T_g、软化温度、样品的熔融行为。适合测量涂层厚度以及复合膜中的单层膜厚度。穿刺探头的操作与膨胀探头相似，其负载值设定略大。固体样品的软化点测试可选用半球形探头。

（3）拉伸夹具

薄膜/纤维拉伸夹具用于测量薄膜/纤维的应力/应变行为。测量材料的收缩力、T_g、软化温度、固化和交联密度。安装纤维样品时须用专用工具，以保证样品正确、精准地安装在拉伸夹具上。

（4）三点弯曲探头。

使用三点弯曲探头时，样品被放置在两个石英刀口支撑架上，固定的静态力通过楔形石英探头垂直施加在样品的中部。通过测量力的大小和探头偏移量来检测硬质材料或者复合材料的弯曲性质。由于没有夹具效应，该模式为“纯”形变方式。相比 DMA 中的三点弯曲测量模式，该方法施加的力是定值，力的大小为 2 N，小于 DMA 施加的力。

4. 热机械分析仪使用注意事项

（1）测试前先开制冷机和氮气，并校准各种夹具。

（2）样品测试时前需要精确测量尺寸。

（3）仪器安装环境须防震。

（4）安装样品和更换夹具时用力适当，避免损伤试样以及损坏夹具。

（5）严格按照仪器操作规程进行操作。

（6）测试过程中不要触碰桌面，避免震动影响测试结果。

17.2　热机械分析仪分析材料的热机械性能

1. 实验目的

（1）掌握热机械分析仪的基本构造和测试原理。

（2）掌握不同探头的功能及适用条件。

（3）掌握常用探头测定样品热机械行为及其分析方法。

（4）掌握数据分析软件的使用方法，能够熟练分析测试结果中的主要信息，理解其中的含义。

2. 实验步骤

(1) 试样准备。

制备成具有均匀厚度、长度、宽度的长方体、片材，或者直径均匀的纤维、圆柱体。测试前样品需干燥，且将样品表面处理光滑、平整、无缺陷。测量样品尺寸（长、宽、厚、直径），精确到 0.01 mm。

不同探头对样品尺寸要求不同，具体要求如下：

①标准膨胀探头：26 mm（长）×10 mm（直径）。

②薄膜/纤维拉伸夹具：26 mm（长）×1.0 mm（厚）×4.7 mm（宽）。

③穿刺探头：4.0 mm（长）×8.0 mm（厚）×4.0 mm（宽）。

(2) 探头选择。

根据测试材料的性能选择合适的探头（膨胀探头、薄膜/纤维拉伸夹具、三点弯曲探头），再根据探头类型制备样品。薄膜、纤维以及在测试条件下始终处于高弹态的橡胶采用薄膜/纤维拉伸夹具；形状规则的块状材料可采用膨胀探头。

(3) 测试步骤。

打开氮气、制冷机、主机、计算机。打开软件进入测试界面，校准夹具（更换探头后必须进行校准）。校准完毕后编辑测试方案，选择测试类型、探针类型、样品尺寸、施加载荷、测试温度范围、升温速率等参数。编辑完毕后开始实验，实验完毕后保存数据，关闭仪器、氮气、计算机。

3. 谱图及数据分析

(1) 膨胀系数测量。

图 17.2 为热固性材料位移改变量与温度的关系。在测试温度范围内材料没有发生相变的情况下，材料的热膨胀系数（α）是一常数，对测试曲线进行线性拟合后，得到的曲线斜率（$\alpha=\mathrm{d}L/\mathrm{d}T$）即为膨胀系数。

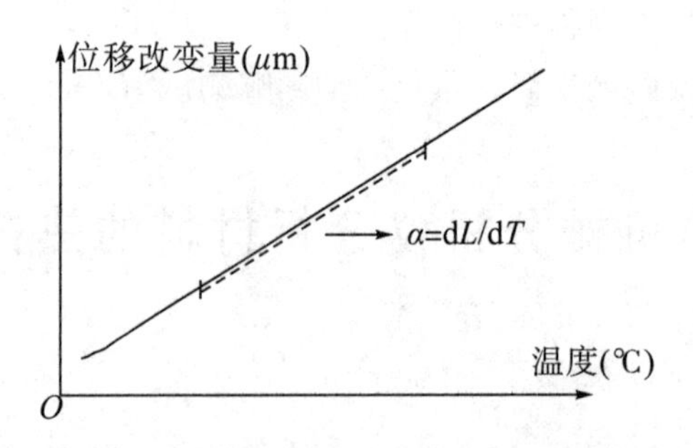

图 17.2　热固性材料位移改变量与温度的关系

(2) 玻璃化转变温度。

在玻璃化转变温度前后，聚合物的线性膨胀系数明显改变。图 17.3 为聚合物典型的块状材料纵向尺寸随温度的变化情况。由图可知，随着温度的升高，材料的热膨胀系数明显提高，分别对低温区和高温区进行线性拟合，两条拟合直线的交点对应的温度即为玻璃化转变温度。

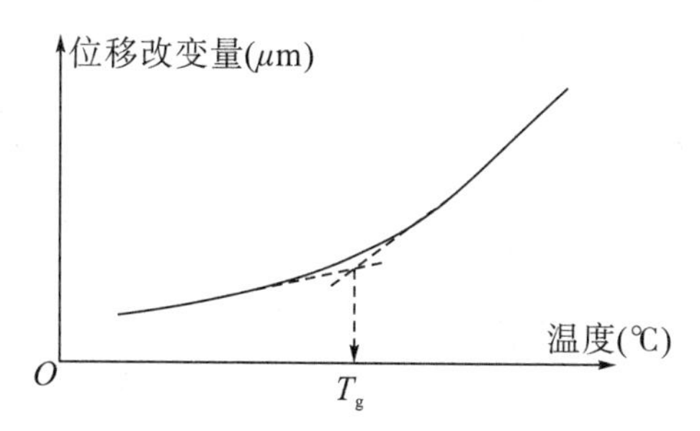

图 17.3　聚合物典型的块状材料纵向尺寸随温度的变化情况

（3）软化温度。

先根据聚合物三态（玻璃态、高弹态、黏流态）与温度的关系判定出准确的软化区间，再用切线法计算软化点温度。

（4）热变形温度。

利用三点弯曲模式夹具，根据 ASTM－E2092 方法测定热变形温度。该方法是对样品施加一恒定作用力，然后匀速改变温度，测定温度与探针位移之间的变化关系，得到材料在恒定力下产生热变形的温度。此方法用于评估材料在某一环境温度下的使用稳定性，图 17.4 给出了 PVC 样品在 78.48 mN 条件下的热变形温度。

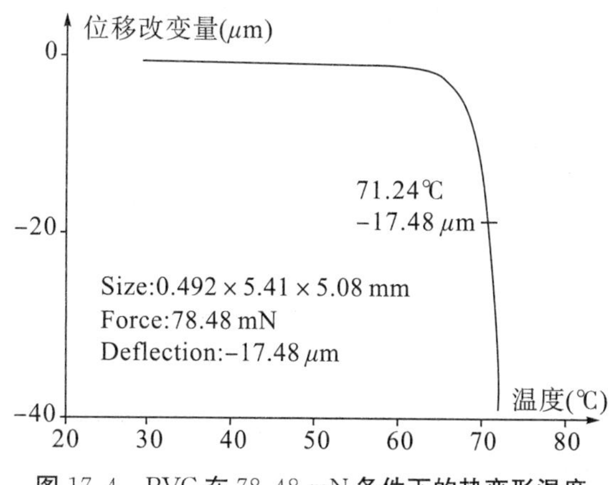

图 17.4　PVC 在 78.48 mN 条件下的热变形温度

（5）收缩力测量方法。

在一定温度下将材料拉伸至特定应变，然后迅速降低至某一温度固定应变，再匀速升温至某一温度，测量升温过程中材料保持应变不变所需要的力（即收缩力）。

4. 影响 TMA 实验结果的因素

（1）震动：TMA 的位移测试精度为 0.5 nm，微小的震动都会产生测试误差，出现如图 17.5 所示的数据波动。

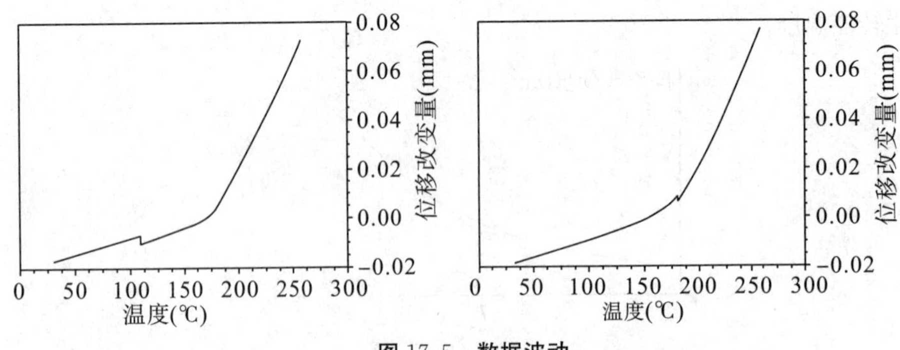

图 17.5　数据波动

（2）样品尺寸均匀性：样品尺寸不均匀，产生的膨胀和收缩也不均匀，从而造成测试结果不精确。

（3）升温速度：聚合物材料的热滞后效应会影响材料热变形的响应速度，因此，升温速度越快，热变形响应越滞后，误差也就越大。通常情况下，升温速度为 2～5℃/mm。

（4）预设力值：探针对样品施加一定的压力，一是保证探针与样品紧密接触，二是使探针能敏锐测试样品尺寸的变化，否则测出的数据会有一定幅度的波动。

17.3　参考实例

1. 聚合物热膨胀系数的测定

（1）样品：聚合物。

（2）实验目的：掌握聚合物热膨胀系数的测试方法。

（3）仪器设备：热机械分析仪（美国 TA 仪器公司，Q400，标准膨胀探头）。

（4）样品制备：裁剪成 3 mm（长）×3 mm（直径）的样块。

（5）参数设置：膨胀探头，预拉伸力 0.01 N，起始温度 30℃～260℃，升温速度 10℃/min，样品高度 2.4943 mm。

（6）谱图及数据分析。

图 17.6 为聚合物的膨胀系数拟合结果，由图可知，聚合物有两段膨胀系数，线性拟合后，两端的膨胀系数分别为 0.0001365 mm/℃和 0.0008906 mm/℃。

图 17.7 为聚合物的玻璃化转变温度。由切线法计算得玻璃化转变对应的温度为 182.72℃，即玻璃化转变温度。

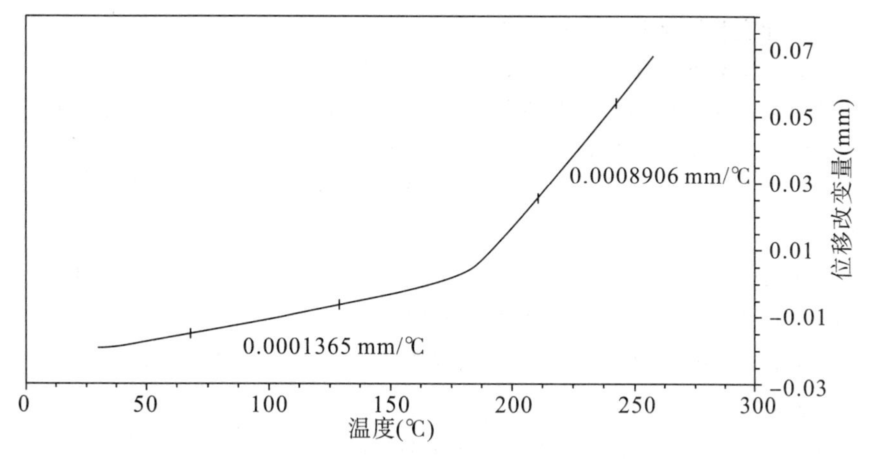

图 17.6　膨胀系数拟合结果

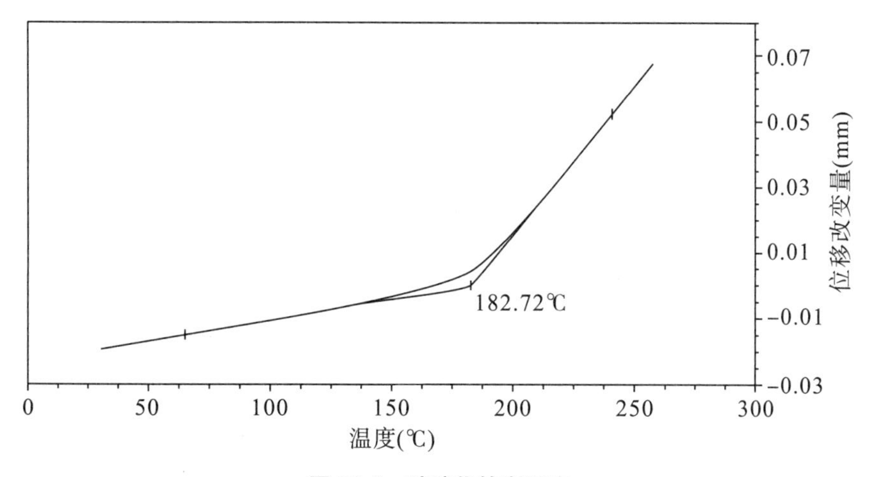

图 17.7　玻璃化转变温度

2. 实验报告撰写要求

（1）撰写实验目的、测试原理、实验仪器构造。

（2）撰写制样过程、仪器参数设置、基本操作步骤。

（3）撰写具体的测试方法和目的。

（4）计算样品的膨胀系数，标定样品的玻璃化转变温度。

（5）回答思考题。

3. 思考题

（1）请描述自己在试验中对实验原理、实验操作过程的理解，对实验结果准确程度的判断，自己的体会以及对该实验的经验积累，总结该类型实验中应该注意的问题，如何改进提高？

（2）请思考结晶过程中，聚合物的 TMA 曲线会如何变化，试设计实验进行验证。

（3）思考交联橡胶和未交联橡胶的热膨胀行为有什么区别，试设计实验进行验证。

（4）请设计实验测试材料的蠕变性能。

（5）在力学恢复实验中，首先对样品施加一个压力维持一段时间，此时样品发生形变，一定时间后，撤去压力，样品开始恢复。请问样品是否能够完全恢复到原来状态？如果不能，请分析原因，可设计相关实验进行验证。

扩展阅读

1. JANDALI M Z，WIDMANN G. 热分析应用手册：热塑性聚合物［M］. 陆立明，唐远旺，蔡艺，译. 上海：东华大学出版社，2008.

2. JURGEN，SCHAWE. 热分析应用手册：弹性体［M］. 陆立明，译. 上海：东华大学出版社，2008.

3. RIESEN R. 热分析应用手册：热固性树脂［M］. 陆立明，译. 上海：东华大学出版社，2008.

第四部分　电性能测试

第 18 章　电阻、击穿强度及耐压性能测试

18.1　电阻测试

1. 电阻测试的基本原理

高阻仪可测定贯穿样品的电场强度和稳态电流值。电场强度与稳态电流值之比即为体积电阻，换算得样品的体积电阻系数或体积电阻率（Ω·cm）；经过试样表面的直流电场强度与流过单位长度表面电流之比即为表面电阻，换算得样品的表面电阻系数或表面电阻率（Ω）。高阻仪法适用于板材、棒状、管材等多种试样的体积电阻系数和表面电阻系数的测试。

棒状材料或块状材料的体积电阻还可以用两点法测定，测得的电压与电流值之比即为电阻。薄膜的表面电阻还可以用四探针电阻仪测定，将四根等间距且并排的金属探针与样品表面接触，外侧两根为测电流探针，中间两根为测电压探针。从电流探针向样品输入小电流，使样品内部产生电压降，测定中间两根探针间的电压，根据电压降计算样品表面电阻。

2. 实验步骤

（1）试样准备。

样品测试表面应平整、均匀，无裂纹、气泡和机械杂质等缺陷。测试前对样品表面进行清洁、干燥处理，并在温度为（20±5)℃环境中放置不少于 16 h 才能进行正常实验。试样尺寸应按照仪器测试要求事先进行裁剪。

（2）样品安装。

高阻仪法测定时需要根据样品形状选取合适的电极（如平板电极、棒状电极）[1]，电极要求有良好的导电性以及光洁性，能与样品紧密接触。四探针法测定表面电阻时要将探针紧压在样品表面，降低探针和样品的接触电阻。两点法测定电阻时需在样品两端涂上导电漆，降低界面接触电阻，保证探针与样品两端是面接触而不是点接触，从而确保测试结果的准确性。

（3）参数设置要求。

测试电压和测试电流从低到高调节，直到读出准确数据为止。

（4）数据分析。

不同方法对应的电阻率计算公式如表 18.1 所示。

表 18.1　电阻率计算公式

测试方法	样品	体积电阻率 ρ_V（Ω·cm）	表面电阻率 ρ_S（Ω）
高阻仪法	板状	$\rho_V = R_V(S/t)$	$\rho_S = R_S[2\pi/\ln(d_2/d_1)]$
	管状	$\rho_V = R_V[2\pi l_S/\ln(D_2/D_1)]$	$\rho_S = R_S(2\pi D_2/\Delta)$
	棒状	—	$\rho_S = R_S(\pi D_2/\Delta)$
两点法	—	$\rho_V = R_V \cdot s/L$	—
四探针电阻仪法	—	—	$\rho_s = 2\pi lU/I$

表中各式中，t 为平板试样厚度或管状试样壁厚，cm；d_1 为平板测量电极直径，cm；d_2 为平板保护电极内径，cm；D_1 为管状试样内径，cm；D_2 为管（棒）状试样外径，cm；l_S 为管状试样测量电极的有效长度，是管状试样测量电极长度（cm）和测量电极与保护电极间隙宽度（cm）之和；S 为平板测量电极的有效面积，$S=\pi/4 \cdot d_1^2$，cm^2；Δ 为测量电极与高压电极间的距离，cm；R_V 为体积电阻，Ω；R_S 为表面电阻，Ω；S 为两点法中样品横截面的面积，cm^2；L 为两点法中测试样品的长度；l 为四探针电阻仪中两根探针的间距；U 为四探针电阻仪测试的电压；I 为四探针电阻仪测试的电流。

3. 参考实例——高阻仪法测定聚乙烯/炭黑复合材料表面电阻及体积电阻

（1）样品：聚乙烯/炭黑复合材料，直径 120 mm，厚度 4 mm。

（2）实验目的：掌握聚合物复合材料体积电阻和表面电阻的测定方法。

（3）仪器设备：ZC36 高阻仪（上海第六电表厂有限公司）；平板电极（测量直径 5 cm，有效面积 19.63 cm^2，保护电极内径 5.5 cm）。

（4）参数设置：测试电压 10 V。

（5）测试结果：测定体积电阻为 2.3×10^8 Ω，表面电阻为 3.2×10^9 Ω。计算得体积电阻率为 1.13×10^9 Ω，表面电阻率为 2.1×10^{11} Ω。

4. 实验报告撰写要求

（1）撰写实验目的、测试原理、实验仪器构造。

（2）撰写制样过程、仪器参数设置、基本操作步骤。

（3）撰写测试结果及现象分析。

（4）回答思考题。

5. 思考题

（1）描述自己在试验中对于实验原理、实验操作过程的理解，对实验结果准确程度的判断，自己的体会以及对该实验的经验积累，总结该类型实验中应该注意的问题，如何改进提高？

（2）样品表面不够光滑、平整会对测试结果造成怎样的影响？

（3）材料的分子结构和聚集态结构与材料的体积电阻、表面电阻有何关系？举例说明。

（4）请分析聚合物分子量、结晶度、取向度、交联度和杂质对材料导电性有什么影响。

18.2　击穿强度及耐电压性能的测试

1. 击穿强度及耐电压性能测试的基本原理

采用连续均匀升压或逐级升压的方式对样品施加交流电压，直至样品击穿，读出击穿时的电压即为击穿电压值 U_b（kV）。击穿电压除以样品厚度即为样品的击穿强度 E_b（kV/mm）。迅速将电压升到规定值，保持一定时间内样品不击穿，记录电压值和时间，即为样品的耐电压值。此法可用于聚合物板状材料、膜材料的击穿电压、击穿强度和耐电压性能的测试。

2. 测试步骤

（1）试样准备。

样品的测试表面应平整、均匀，无裂纹、气泡和机械杂质等缺陷。测试前对样品表面进行清洁、干燥处理，在温度为（20±5）℃的环境中放置不少于 16 h 后才能进行正常实验。试样尺寸应按照仪器测试要求裁剪。

（2）样品安装。

样品应放置在两电极的中间。

（3）参数设置要求。

①击穿强度测试条件。

连续匀速升压法：要根据样品的击穿电压选择不同的速度，如表 18.2 所示。

表 18.2　连续升压法中样品击穿电压对应的升压速度

样品击穿电压（kV）	升压速度（kV/s）
＜1.0	0.1
1.0～5.0	0.5
5.1～20	1.0
＞20	2.0

一分钟逐级升压法：第一级加电压值为标准规定击穿电压的 50%，保持 1 min，以后每级升压后保持 1 min，直至击穿，每级间升压时间不超过 10 s，升压时间应计在

1 min 内，每级升压电压采用表 18.3 规定的数值，如果击穿发生在升压过程中，则以击穿前开始升压的那一级电压作为击穿电压；如果击穿发生在保持不变的电压级上，则以该级电压作为击穿电压。

表 18.3　逐级升压法的每级升压电压

击穿电压（kV）	5 以下	5～25	26～50	51～100	>100
每级升压电压（kV）	0.5	1	2	5	10

②耐电压性能测试条件。

在样品上连续均匀升压到一定电压后保持一段时间，样品若不被击穿，则测定此电压为该材料耐电压值。实验电压和时间应根据样品的测试要求制定。

（4）数据分析。

击穿判断依据为试样沿施加电压方向有贯穿小孔、开裂、烧集等痕迹。击穿强度 E_b 的计算公式为

$$E_b = U_b / d \tag{18.1}$$

式中，E_b 为击穿强度，kV/mm；U_b 为击穿电压，kV；d 为试样厚度，mm。

实验结果取 5 次实验的平均值（保留三位小数），若个别实验值对平均值的相对误差超过 15%，则应另取样进行 5 次实验，实验结果由 10 次实验的算术平均值计算得出。

3. 仪器操作注意事项

（1）该仪器属于高危仪器，操作者必须严格按照操作步骤进行操作。操作者必须戴绝缘橡胶手套，脚下垫橡胶垫，以防高压电击造成生命危险。

（2）测试时仪器接地端与被测体要可靠相接，严禁开路。

（3）切勿将输出地线与交流电源线短接，以免外壳带电，造成危险。

（4）若指示灯损坏，请立即更换，以免造成误判。

（5）排除故障时，需切断电源，由专业技术人员进行维修。

（6）仪器避免阳光正面直射，不要在高温、潮湿、多尘的环境中使用或存放。

4. 参考实例——聚乙烯/炭黑复合材料击穿电压的测定

（1）样品：聚乙烯/炭黑复合材料，直径 120 mm，厚度 4 mm。

（2）实验目的：掌握聚合物复合材料击穿电压的测定方法。

（3）仪器设备：击穿电压测试仪。

（4）参数设置：匀速连续升压法，升压速度 1 kV/s。

（5）测试结果：击穿电压为 21 kV，击穿强度为 5.25 kV/mm。击穿时有明显电火花和刺鼻的烧焦气味释放。

5. 实验报告撰写要求

（1）撰写实验目的、测试原理、实验仪器构造。

（2）撰写制样过程、仪器参数设置、基本操作步骤。
（3）撰写测试结果及现象分析。
（4）回答思考题。

6. **思考题**

（1）描述自己在试验中对于实验原理、实验操作过程的理解，对实验结果准确程度的判断，自己的体会以及对该实验的经验积累，总结该类型实验中应该注意的问题，如何改进提高？
（2）试样中的含水量对测定结果有何影响？
（3）测试过程中见到样品周围激发出电火花，说明样品的击穿电压大于空气击穿电压，请问应该如何制样才能测出真实的击穿电压？

参考文献

［1］中华人民共和国国家质量监督检验检疫总局. GB　1410—89　固体绝缘材料体积电阻率和表面的电阻率实验方法［S］. 北京：中国标准出版社，1990.

第 19 章　材料介电性能测试

19.1　宽频介电和阻抗谱仪

1. 宽频介电和阻抗谱仪的基本原理及使用特点

宽频介电和阻抗谱仪（Broadband Dielectric and Impedance Spectrometer）用于测量材料的电导率和阻抗。测试原理如图 19.1 所示，将样品放在两电极之间，电极对样品施加一个交变电压 U_0，测定材料产生的交变电流 I_0。相位差 φ 的正切值称为损耗角正切，表征材料在交流电场下的能量损耗参数。可测试固体、薄膜材料、液体、粉末样品，主要表征材料的内部弛豫、相变、微结构变化、基团取向等。

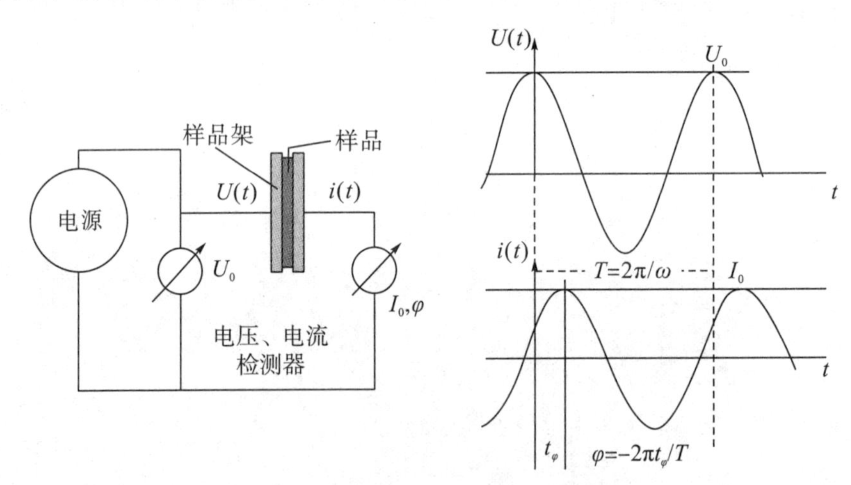

图 19.1　宽频介电和阻抗谱仪测试原理

图片来源：德国 Novocontrol Technologies 仪器公司。

该仪器由宽频介电和阻抗分析仪、控温系统、样品架、分析软件、计算机组成。控温系统可精确控制样品的测试温度，测定样品在控制气氛（如真空、惰性气体、反应性气体、空气等）下介电性、电导率、阻抗性与温度变化的对应关系。电极间距需随样品厚度进行调整。固体样品用固体样品架固定，液体或粉末样品可用液体样品架固定。

2. 宽频介电和阻抗谱仪的使用注意事项

（1）测试时仪器接地端良好。

（2）测试前严格按照要求校正。

（3）仪器避免阳光正面直射，不要在高温、潮湿、多尘的环境中使用或存放。

（4）严格按照操作规程操作。

19.2　复合材料介电常数的测试

1. 实验目的

（1）掌握宽频介电和阻抗谱仪的测试原理及基本操作方法。

（2）掌握复合材料介电常数、介电损耗等参数的测试分析方法。

（3）掌握数据软件的分析方法。

2. 实验步骤

（1）试样准备。

根据样品尺寸选择上、下电极，电极直径可以小于等于样品直径，也可以略大于样品直径。固体试样的表面应尽可能平整光洁，以保证和外电极接触紧密。同时可在试样表面进行金属化处理，如喷金、粘贴铝箔、刷导电漆等，以降低样品和电极间的界面电阻。

（2）样品安装。

低频测量时，选择 10～40 mm 的镀金外部电极；高频测量（1 MHz 以上）时，可选择 3～12 mm 的镀金外部电极。电极间的距离由试样厚度或者液层高度决定。在电极中可以增加表面镀金的电极片，以提高样品和电极间的导电性，提高测量精度。电极片在日常使用中会被磨损，需根据使用情况及时更换新的电极片。

（3）参数设置要求。

温度：根据测试条件选取合适的温度起始点。

频率：阻抗测量系统信号发生器的频率。

交流电压：交流信号电压幅度。

直流偏置电压：给试样提供一个叠加在交流电压之上的附加直流电压。

时间：设定时间间隔，在选择“开始”后延迟一段时间，保证仪器在温度起始点稳定后开始测量。

（4）测试步骤。

校正参数后，将样品安装在样品架上，设定测试参数后即可开始测试。

19.3 参考实例

1. 聚偏氟乙烯介电性、电容和介电损耗的测试*

（1）样品：聚偏氟乙烯。

（2）实验目的：掌握宽频介电和阻抗谱仪的测试方法和数据处理方法。

（3）仪器设备：宽频介电和阻抗谱仪（德国 Novocontrol Technologies 仪器公司）。分析软件为 Novocontrol MS－Windows software WinDETA。

（4）样品制备：制备成聚偏氟乙烯片材，直径 10 mm。

（5）参数设置：频率测试范围 $1\times10^{-4}\sim1\times10^{8}$ Hz，温度范围－100℃～150℃。

（6）数据处理。

聚偏氟乙烯的三维电容（ε′，ε″）谱图、电容－频率谱图及介电损耗－频率谱图如图 19.2 所示。三维电容（ε′，ε″）谱图表明，在低频高温下，材料的 ε′较高；在高频低温下，ε′较低。介电损耗－频率谱图显示聚偏氟乙烯的 α 和 β 介电松弛范围在 0.01～0.2 之间。

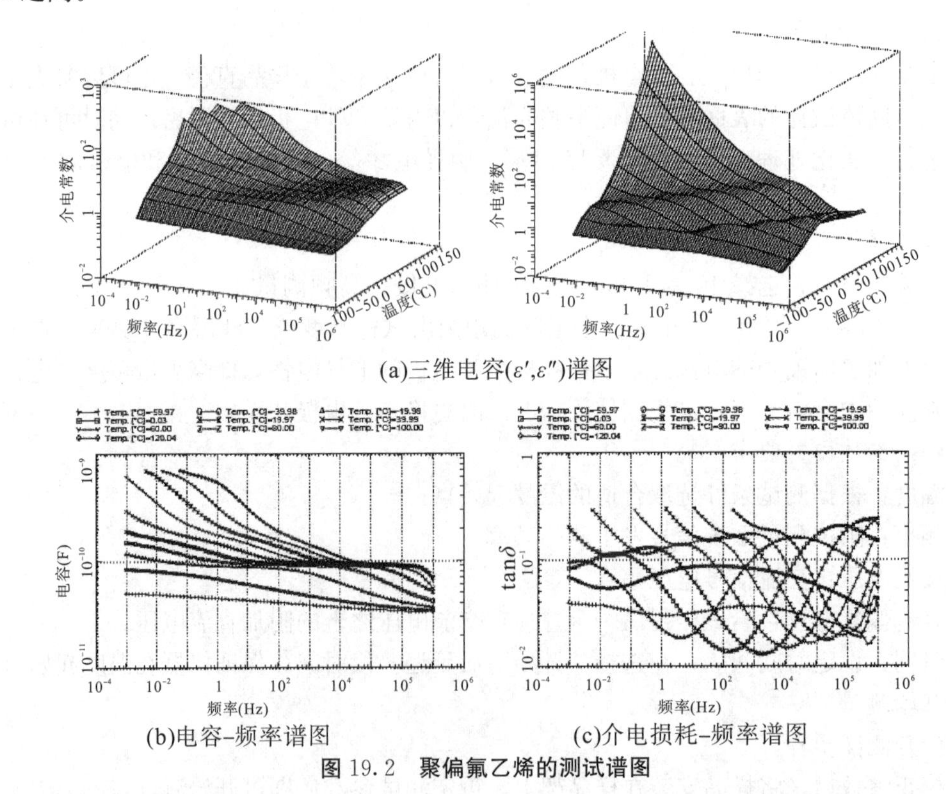

(a)三维电容(ε′,ε″)谱图

(b)电容-频率谱图

(c)介电损耗-频率谱图

图 19.2 聚偏氟乙烯的测试谱图

---

* 参见德国 Novocontrol Technologies 仪器公司提供的 *Alpha－A*，*Alpha and Beta High Performance Dielectric*，*Conductivity and Electrochemical Impedance Analyzers*。

2. 实验报告撰写要求

（1）撰写实验目的、测试原理、实验仪器构造。
（2）撰写制样过程、仪器参数设置、基本操作步骤。
（3）撰写电性能数据反映出材料内部的结构信息。
（4）回答思考题。

3. 思考题

（1）描述自己在试验中对于实验原理、实验操作过程的理解，对实验结果准确程度的判断，自己的体会以及对该实验的经验积累，总结该类型实验中应该注意的问题，如何改进提高？
（2）样品表面处理得不平整光洁会对测试结果有何影响？
（3）样品中的杂质、水分对测试结果有何影响？
（4）针对导电填料择优分布的情况，应该如何设计实验测试该材料的导电性？
（5）样品厚度对测试有什么影响？厚度控制在什么范围内比较合适？

第五部分　聚合物流变性能测试及聚合物分子量测定

第 20 章　聚合物流变性能测试

聚合物在成型加工过程中普遍受到各种流动场（或剪切场）的作用，导致熔体流动行为各有不同，使最终制品可能存在使用性能和外观的差异。因此，通过对聚合物流变性能进行研究，可对聚合物加工工艺控制、产品质量优化等实际加工过程起到重要的指导作用。

对聚合物流变性的测试有多种方法，用于测试流变性能的仪器一般称为流变仪，又叫黏度计，其类型按施力情况主要分为旋转式、毛细管挤出式和转矩式，不同的剪切速率测试范围适用于不同的材料和测试条件。

20.1　锥板流变仪测试聚合物流变性能

1. 锥板流变仪测试聚合物流变性能的基本原理

流变仪依靠转子旋转对样品施加可控的剪切应力，测定样品的黏弹性、流动性等流变学参数。根据不同的测量头系统可分为同轴圆筒黏度计、平行平板流变仪、锥板流变仪（锥板黏度计）。[1]其中，锥板流变仪是测量黏性聚合物液体（水凝胶、涂料等）或者聚合物黏弹性的常用工具。

锥板流变仪的核心部件由一块直径为 R 的平板和一个线性变化的同心锥体构成（图 20.1）。平板以一定角速度 φ 转动，在距离轴心 r 处，流体受到的剪切速率为

$$\gamma=\frac{\mathrm{d}v}{\mathrm{d}h}=\frac{r\varphi}{r\tan\alpha} \tag{20.1}$$

由于角度 α 很小，在 1°～5°之间，因此，剪切速率可简化为 $\gamma=\varphi/\alpha$。即锥板间的剪切速率是近似相等的。剪切应力可以根据仪器测定的转矩求得：

$$\sigma_{\mathrm{s}}=\frac{3M}{2\pi r^{3}} \tag{20.2}$$

因此，被测物质的黏度为

$$\eta=\frac{\sigma_{\mathrm{s}}}{\gamma}=\frac{3\alpha M}{2\pi\varphi r^{3}} \tag{20.3}$$

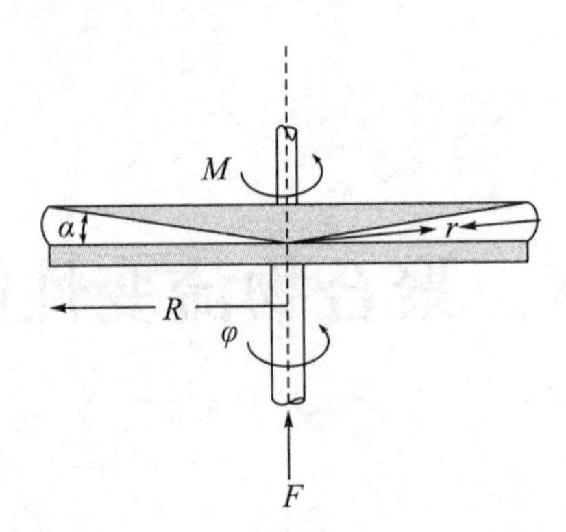

图 20.1 锥板流变仪

锥板结构的优势是样品用量少、容易装填和清理、剪切速率均一、数据处理方便，可以忽略末端效应，适合量少、低转速的实验条件。缺点是在高剪切速率下，聚合物由于惯性会被甩出锥板间，造成数据误差。

2. **实验步骤**

（1）试样准备。

样品是厚度为 2～3 mm 的圆片，直径等于平板直径 r。

（2）参数设置要求。

温度：恒温模式下，保持设定温度不变；变温模式下，需设定升温速率和起止温度范围。保证测试时样品处在高弹态或者黏流态，否则会使扭矩过大，损坏设备。

剪切速率：通过线性改变剪切速率，测定材料黏度与剪切速率之间的关系。根据材料性质设定合适的剪切速率，黏度大的样品，剪切速率不宜过高，否则扭矩过大，超出仪器测试范围。高灵敏度流变仪可以测定极低剪切速率下黏度的响应值，从而推算出样品的零剪切黏度。

应变范围：测试材料黏度、剪切模量与应变的关系，以及临界应变值和线性黏弹性时需设定的参数。

时间：测定样品蠕变或者应力松弛效应时需设定的参数。

应变频率和振幅：进行动态频率扫描需设定的参数。

（3）实验方案。

稳态模式：通过线性改变剪切速率，测定材料黏度对剪切速率改变的响应情况。

动态模式：以恒定频率施加一个正弦形变，表征材料黏弹性随应变频率、应变振幅、测试温度以及测试时间改变的响应情况。用于表征材料频率依赖性、网络结构稳定性（网络结构的破坏和重建）、松弛时间等。

（4）测试步骤。

打开电脑、主机、附属设备和软件。选择测量模式，根据测定模式设定对应参数。安装锥板测量头，在锥板和平板之间放上样品。下降锥板接触样品，开始升温，待温度升到指定温度后，继续下降锥板使锥板完全接触聚合物，并排除锥板与样品间的空气。打开炉腔将溢流出锥板与平板间的聚合物刮除，关闭炉体。恒温一定时间后开始测试并记录数据。

3. **参考实例——锥板流变仪测定水凝胶的黏度**

（1）样品：水凝胶。

（2）实验目的：掌握流变仪的试验方法及数据处理方法。

（3）仪器设备：锥板流变仪（马尔文仪器有限公司）。

（4）参数设置：稳态扫描模式，温度25℃，剪切速率1～3000 s^{-1}。

（5）谱图及数据分析。

图20.2为水凝胶的流变曲线，在低频区（<10 s^{-1}）黏度不随剪切速率的改变而变化；在高频区（>10 s^{-1}）时，黏度随剪切速率的增加而降低，为明显的非牛顿流体剪切变稀行为。

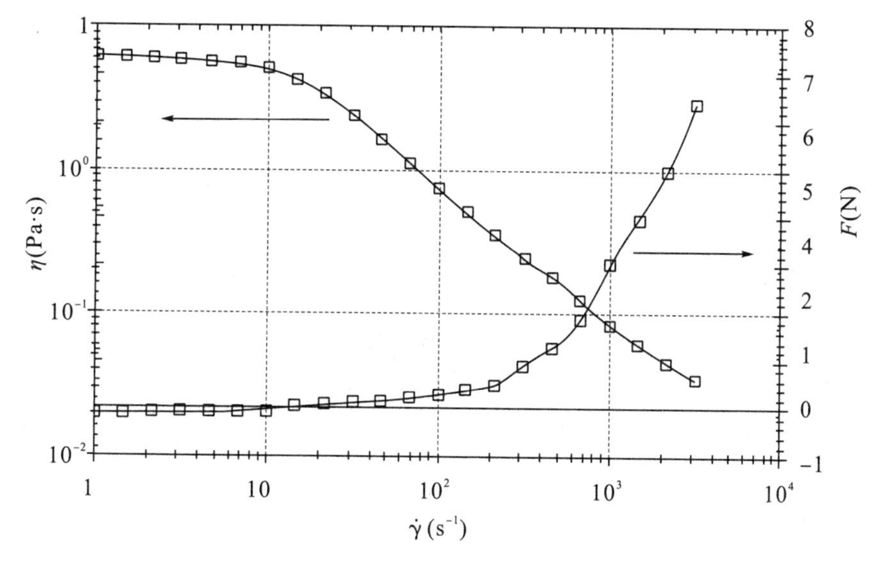

图20.2 **水凝胶流变曲线**

图片来源：马尔文仪器有限公司。

4. **参考实例——锥板流变仪研究剪切作用对聚合物复合材料流变性能的影响**[2]

（1）样品：聚乙烯/聚乙烯蒙脱土复合材料。

（2）实验目的：掌握锥板流变仪在线检测聚合物流变性能的方法及谱图数据分析。

（3）仪器设备：锥板流变仪（马尔文仪器有限公司，Bohlin−Gemini200）。

（4）参数设置：温度170℃，频率1 rad/s，应变40%，剪切时间2000 s。

（5）谱图及数据分析。

图20.3为高密度聚乙烯/马来酸酐接枝聚乙烯/蒙脱土复合材料的流变性能测试谱图。由图可知，含有马来酸酐接枝聚乙烯的高密度聚乙烯在剪切条件下，其储能模量开始保持恒定，长时间剪切之后，储能模量略微降低，这可能是由于聚合物的切力变稀或者分子链降解。添加蒙脱土的复合材料的储能模量随时间增加而增大，这可能是由于高

密度聚乙烯将蒙脱土剥离和插层，导致体系黏度增大。

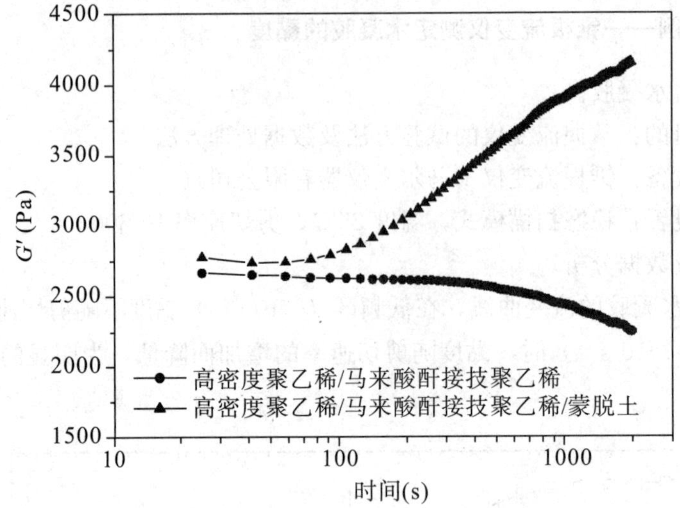

图 20.3　高密度聚乙烯/马来酸酐接枝聚乙烯/蒙脱土复合材料的流变性能测试谱图

流变性能对复合材料中结构的变化比较敏感，可用于表征聚合物复合材料内部结构随外界环境改变而发生的变化。

5. **实验报告**

（1）撰写实验目的、测试原理、实验仪器构造。

（2）撰写制样过程、仪器参数设置、基本操作步骤。

（3）记录数据测试及数据处理。

（4）回答思考题。

6. **思考题**

（1）请查阅资料说明锥板流变仪还可以测试材料的哪些性能。

（2）为保证实验结果的可靠性，操作及数据处理中应特别注意哪些问题？

（3）样品中混有气泡、杂质对测试结果有什么影响？应该如何在测试时避免混入空气？

（4）锥板流变仪测定的黏度值与剪切速率和温度有什么关系？

（5）要测试材料的蠕变性能或者应力松弛性能，应该如何设计试验？

20.2　毛细管流变仪测试聚合物流变性能

1. **毛细管流变仪测试聚合物流变性能的基本原理**

假设在一个无限长的圆形毛细管中，聚合物受到压力（或推力）在毛细管中稳态流动，毛细管两端的压降为 ΔP，毛细管内半径为 r 处的圆柱面上的熔体受到的黏滞阻力（$2\pi\sigma_s rL$）与推动力（$\Delta P\pi r^2$）平衡，可得到管壁处的剪切应力（σ_s）和剪切速率（γ_m）与压力、聚合物熔体流率的关系：

$$\sigma_s = \frac{r\Delta P}{2L} \tag{20.4}$$

式中，r 为毛细管的半径，cm；L 为毛细管的长度，cm；ΔP 为毛细管两端的压力差，Pa。

$$\gamma_m = \frac{4Q}{\pi R^3} \tag{20.5}$$

式中，Q 为聚合物熔体体积流量，cm^3/s。

$$Q = \frac{hS}{t} \tag{20.6}$$

式中，S 为聚合物柱塞横截面积，cm^2；t 为聚合物熔体挤出时间，s；h 为在时间 t 内柱塞下降的距离，cm。

固定测试温度和毛细管长度半径比（L/r），可得不同压力下聚合物通过毛细管的熔体体积流量（Q）和毛细管两端的压降 ΔP，计算出相应的 σ_s 和 γ_m。

根据对应的 σ_s 和 γ_m 在双对数坐标纸上绘制流动曲线图，即可求得非牛顿指数：

$$n = \mathrm{dlg}\sigma_s/\mathrm{dlg}\gamma_m \tag{20.7}$$

根据非牛顿性改正计算得真实剪切速率：

$$\gamma_m{}' = \gamma_m(3n+1)/4n \tag{20.8}$$

熔体的表观黏度：

$$\eta_a = \sigma_s/\gamma_m{}' \tag{20.9}$$

改变毛细管长度半径比，在相同剪切速率下测定不同长径比的毛细管产生的压降 ΔP，拟合压降与长度半径比（L/r）的线性方程，该方程直线在 x 轴负方向上的截距即为入口改正的系数 B。代入方程 $\sigma_{sw}{}' = \Delta P/[2(L/r)+B]$ 可得到管壁处真实的剪切应力。[1]

大多数聚合物都属于非牛顿流体，它在管中流动时具有弹性效应、壁面滑移和流动过程的压力降等特性。在实验中，毛细管的长度都是有限的，由上述假设推导实验结果将产生一定的偏差。为此，对假设熔体为牛顿流体推导的剪切速率 γ_m 和适用于无限长毛细管的剪切应力 σ_s 必须进行“非牛顿改正”和“入口改正”，才能得到毛细管管壁上的真实剪切速率和真实剪切应力。

毛细管流变仪可以测定聚合物在毛细管中的剪切应力和剪切速率；可通过改变毛细管的长度半径比来研究聚合物的弹性和不稳定流动（包括熔体破碎）情况；可作为选择复合物配方、寻求最佳成型工艺条件和控制产品质量的依据，以及为辅助成型模具和塑料机械设计提供基本数据。

2. 实验步骤

（1）试样准备。

热塑性塑料及其复合物粉料、粒料等。测试前先干燥样品，样品应尽量小且压实，体积约为 1～2 cm^3，装进样品加料腔。

（2）参数设置要求。

毛细管长度半径比：毛细管长度半径比越大，样品在毛细管中受到的剪切力越大。根据实际加工条件及样品黏度，选择具有合适长度半径比的毛细管，长度半径比大于 40 的毛细管可以忽略入口损失，无须进行入口校正。

载荷：载荷越高，样品受到的剪切力越大，流出速度越快，越容易出现熔体破碎现象。

温度：恒温法测定时，温度要设定在熔点以上、样品分解温度以下。

（3）实验方案。

恒温法：固定温度，改变载荷，测试聚合物的剪切应力、体积流量、剪切速率、表观黏度随载荷改变的变化情况。

升温法：固定载荷，匀速改变温度，根据样品流速的变化，计算样品的初始软化温度及开始流动的温度。

（4）测试步骤。

恒温法：将所测样品加入恒定温度的模腔中，先预热熔融，期间进行 1～2 次排气；待样品充分熔融后，由柱塞对样品施加一恒定压力，记录样品从毛细管口流出时的剪切应力、熔体体积流量、剪切速率和表观黏度。

升温法：将所测样品加入模腔并压实，上部柱塞对样品施加一恒定压力后，开始等速升温，记录样品流出速度。

（5）数据分析。

参见实验原理部分。

3. 参考实例——毛细管流变仪测定聚合物表观黏度

（1）样品：聚苯乙烯/石墨纳米片复合材料。

（2）实验目的：掌握毛细管流变仪测定聚合物材料流变性能的操作方法及数据处理方法。

（3）仪器设备：毛细管流变仪［岛津企业管理（中国）有限公司，CFT－500D］。

（4）参数设置：恒温法测试，温度 180℃，载荷见表 20.1，柱塞头直径 11.28 mm，柱塞头面积 1 cm^2，毛细管规格∅1.0×10.0 mm，柱塞位移量 15 mm。

（5）数据分析。

聚苯乙烯/石墨纳米片复合材料流变性能实验结果如表 20.1 所示。对剪切速率－剪切应力双对数曲线进行拟合，求得拟合直线的斜率即为该材料的非牛顿指数。表观黏度随剪切速率的增加而降低，表明该复合材料有明显的剪切变稀现象，说明在加工过程中，复合材料的流动性对流动场压力改变敏感。如图 20.4 所示。

表 20.1　聚苯乙烯/石墨纳米片复合材料流变性能实验结果

实验结果	第一组	第二组	第三组	第四组	第五组	第六组
载荷（kg）	200	100	55	40	30	20
压力（Pa）	19600000	9807000	5394000	3923000	2942000	1961000

续表20.1

实验结果	第一组	第二组	第三组	第四组	第五组	第六组
测试温度（℃）	180	180	180	180	180	180
体积流量（cm^3/s）	0.19	0.022	0.0083	0.0033	0.00145	0.00064
剪切速率（s^{-1}）	1930.5	220.1	84.8	34	14.8	6.6
剪切应力（Pa）	490332.5	245166.3	134841.4	98066.5	73549.88	49033.25
表观黏度（Pa·s）	254	1114	1590	2877	4980	7469

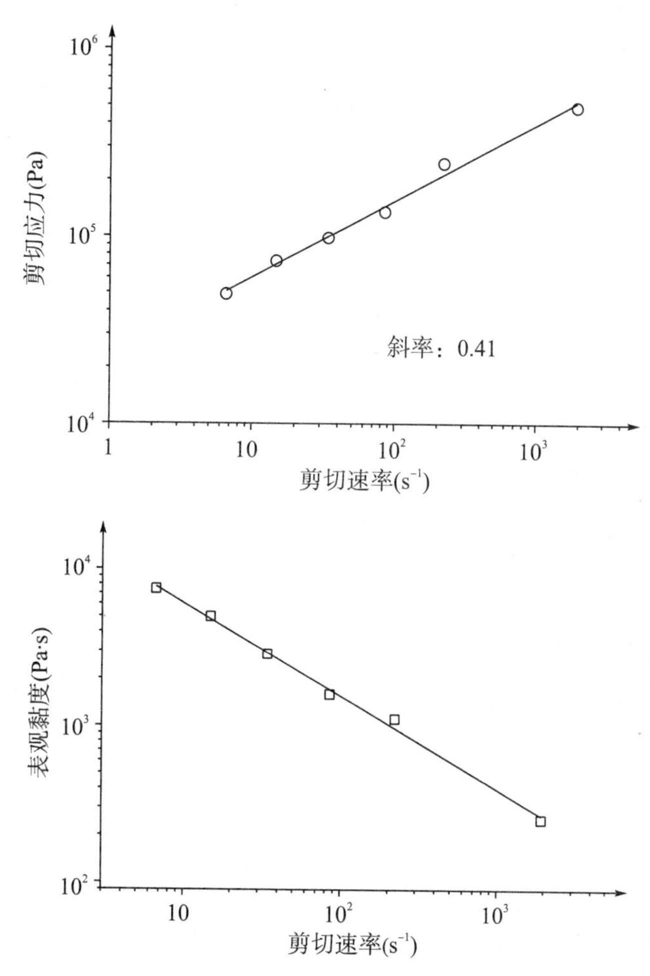

图 20.4　聚苯乙烯/石墨纳米片复合材料流变性能曲线

4. 实验报告

(1) 撰写实验目的、测试原理、实验仪器构造。

(2) 撰写制样过程、仪器参数设置、基本操作步骤。

(3) 记录复合材料流变数据及数据处理结果。

（4）回答思考题。

5. **思考题**

（1）为什么要进行“牛顿改正”和“入口改正”？

（2）为了保证实验结果的可靠性，操作及数据处理中应特别注意哪些问题？

（3）分析在什么情况下会出现熔体破碎、挤出胀大等效应，分析上述效应对加工有何影响。

（4）利用聚合物材料的流变曲线设定成型加工工艺，试从加工温度、材料在加工过程中的流动状态、是否会产生熔体破碎现象等方面进行分析。

20.3 转矩流变仪测试聚合物流变性能

1. **转矩流变仪测试聚合物流变性能的基本原理**

转矩流变仪由机械系统（包括主机和混合装置）、控温系统和测量系统组成。测试时，将物料放入混合装置中，电机带动混合元件（螺杆、转子）转动，控温系统对混合装置加热至设定温度，使物料熔融，熔融后的物料在转子的带动下进行混炼。通过模拟实际生产过程，研究物料在混炼过程中的流变性能。转矩流变仪的结构如图 20.5 所示。

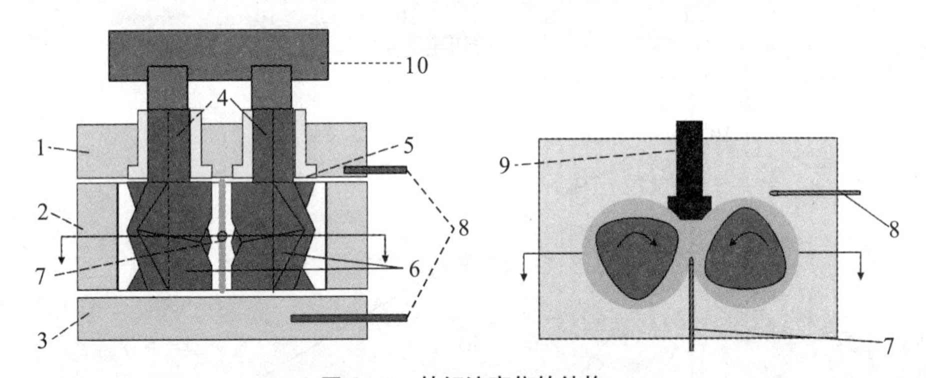

图 20.5 转矩流变仪的结构

1—后板；2—混炼室；3—前板；4—转子轴承；5—轴套（bushings）；6—转子；7—物料热电偶；8—控温热电偶；9—加料杆；10—电机

图片来源：赛默飞世尔科技（中国）有限公司。

在混炼过程中，物料受到加热和剪切的作用发生物理结构或者化学结构的变化。这些变化会改变物料的流变性能，使得转动元件的阻力转矩、混合腔压力、转子转速、熔体温度改变。通过测量系统记录物料在混炼过程中的各参数数值，得到物料在混炼过程中的流变情况，为聚合物加工成型工艺的合理选择、生产过程的优化控制以及制造成型工艺装备提供必要的实验数据。

转子是转矩流变仪的核心部件，起到对物料进行混炼的作用，不同的转子施加的剪切力不同，适用于不同的物料。例如，适用于塑料、弹性体的施加中度剪切力的凸棱转子，适用于粉末、液体、稠状物料或者食品等的施加低剪切力的西格玛转子，适用于热固性塑料的德尔塔转子，施加高剪切力的轧辊转子以及橡胶混炼专用的班布利转子。各种不同种类的转子如图 20.6 所示。

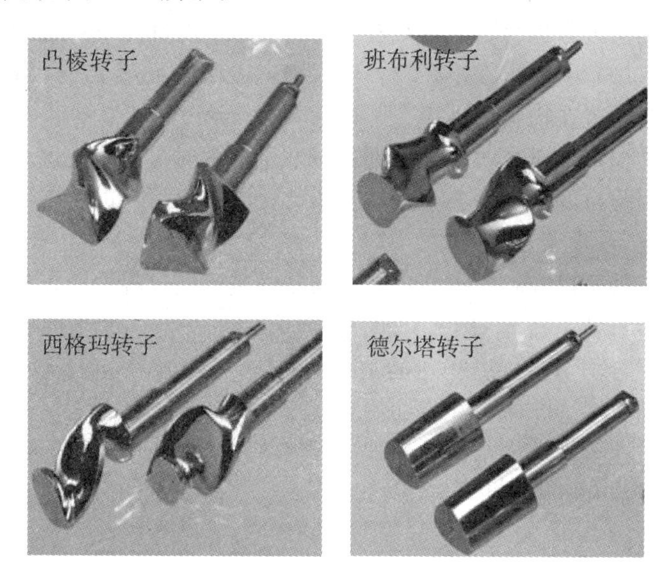

图 20.6　不同种类的转子

需要特别指出的是，不同厂家、型号的流变仪使用转子的形状、大小不同，且混炼室容积以及控温情况各不相同，其测得的物料流变结果只可作为参考，不能直接比较。只有相同厂家、相同型号的流变仪测出的结果才具有直接可比性。

2. **实验步骤**

（1）试样准备。

粉末、固体样品均可用转矩流变仪测试，测试前样品需充分干燥。按式（20.10）计算加料量，并用天平准确称量。

$$W_1 = (V_1 - V_0) \times \rho \times a_0 \qquad (20.10)$$

式中，W_1为加料量，g；V_1为混合器容积，cm^3；V_0为转子体积，cm^3；ρ为原材料的固体或熔体密度，g/cm^3；a_0为加料系数，按固体或熔体密度计算，分别为 0.65，0.80。

（2）参数设置要求。

加料量：保证每次测试的加料量相等，确保数据有对比性。加料量是根据混炼室容积、转子体积、物料（固体或熔体）的密度以及加料系数来计算确定的，通常为总加料量的 75%～85%。加料量不足，转子不能充分接触、挤压物料，达不到混炼塑化的效果；加料过量，使阻力转矩增大，仪器可能会因过载保护而停机。

转子转速：开始混合时物料还是固体，阻力扭矩很大，应用 10 r/min 以下的速度混合；当物料熔融充分后可提高转速至测试要求，但不可超过仪器的额定转速。

混合温度：一般根据物料的实际加工温度来设定混合温度。测试过程中需保持温度恒定，确保测试结果的准确性。混合温度不宜低于物料软化点或者熔点，也不宜高于物料的热氧降解温度或者热分解温度。对混炼室要进行空气冷却，避免因摩擦生热、物料自身放热导致的混炼室过热现象。

混炼时间：根据聚合物材料的耐热性、物料混炼情况确定混炼时间。进行流动加工流变性能测试时，试验时间可设定在物料进入稳态区域后1～2 min；进行物料混炼实验时，混合时间一般设置在物料进入稳态区域后5～10 min，可根据混炼均匀程度随时调整；进行物料加工稳定性研究时，须等到物料发生降解时再停止混炼。对于不同的聚合物材料和不同的实验目的，必须选择最佳的条件，以求得可靠的实验结果。

（3）测试步骤。

打开电源、电脑主机和转矩流变仪，开启软件进入测试界面。设置后板、混炼室和前板温度，设置转子转速在5～10 r/min之间，开启加热。用天平准确称量各组分的重量，并将各组分混合均匀。待温度升至设定温度后，启动转矩流变仪，转子开始转动，将物料从加料口加入混炼室中。注意加料不可过快，防止溢料或者转矩过载。待物料加入完全后，提升转速至实验要求值。测试完成后将密炼腔清理干净，保存数据，退出软件，关闭转矩流变仪和电脑。

（4）谱图及数据分析。

物料的扭矩-时间曲线能有效地说明物料密炼塑化过程中发生的情况。图20.7为典型的聚合物扭矩-时间曲线。

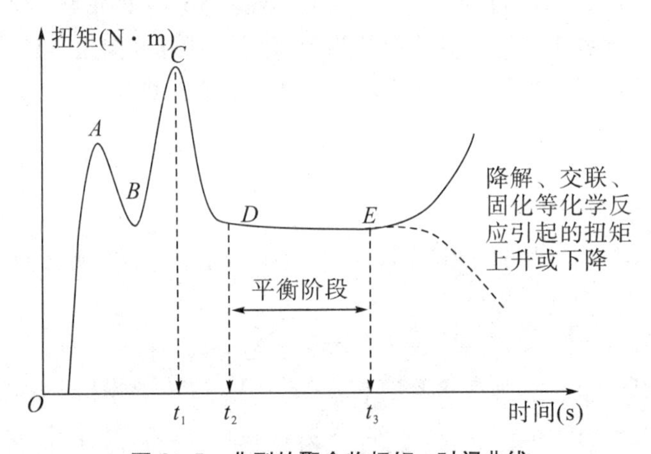

图20.7　典型的聚合物扭矩-时间曲线

起始点——A 段：加料后，物料受热和挤压作用开始粘连，扭矩上升至 A 点。

AB 段：物料被压实，转矩下降。有些物料没有 AB 段。

BC 段：物料开始塑化熔融，分子链段运动增加，内摩擦增大，扭矩上升至 C 点。C 点对应的扭矩为最大扭矩，对应的时间 t_1 为塑化时间。在共混体系或者填料复合体系中，多相组分开始混合导致分子链内摩擦增大，扭矩增加。当物料中含有增塑剂或小分子润滑剂等成分时，会对物料混合起到润滑作用，使扭矩上升幅度减小或者使最终的平衡扭矩降低。

CD 段：物料充分熔融达到平衡，扭矩降低至 *D* 点。*D* 点对应的扭矩为平衡扭矩，对应的时间 t_2为达到平衡的时间。

DE 段：混炼过程中的平衡阶段，此阶段中各组分已充分混合。

E——终止点：继续延长塑化时间，可能会导致物料固化、交联或者降解，使得扭矩发生改变。*E* 点对应的时间 t_3为物料的分解时间、开始交联或者固化的时间。

3. 参考实例——转矩流变仪测定聚氯乙烯塑化性能

（1）样品：聚氯乙烯 58 g，邻苯二甲酸二辛酯 2.4 g，三盐基性硫酸铅 2.9 g，硬脂酸钡 0.9 g，硬脂酸钙 0.6 g，硬脂酸 0.7 g，碳酸钙 9 g。

（2）实验目的：掌握转矩流变仪的试验方法及数据处理方法。

（3）仪器设备：HAKKE 转矩流变仪。

（4）参数设置：混炼室温度 190℃，凸棱转子，混炼时间 14 min。

（5）谱图及数据分析。

图 20.8 为聚氯乙烯的转矩流变曲线。从图中可知，转子转速一直恒定在 18 r/min，温度控制在 200℃左右。扭矩曲线表明聚氯乙烯在塑化过程中的扭矩变化情况，聚氯乙烯的平衡扭矩与最大扭矩差距不大。

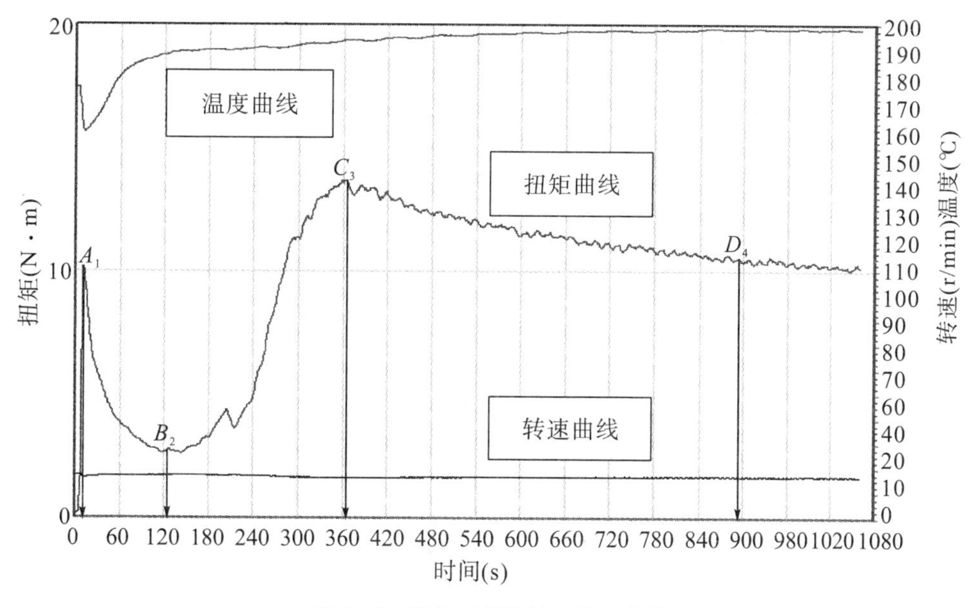

图 20.8　聚氯乙烯的转矩流变曲线

4. 实验报告

（1）撰写实验目的、测试原理、实验仪器构造。

（2）撰写制样过程、仪器参数设置、基本操作步骤。

（3）记录数据测试结果及数据处理结果。

（4）回答思考题。

5. **思考题**

(1) 分析实验结果对应的塑化曲线上的各峰值、平台代表什么意义。扭矩值为什么上升或者下降?

(2) 实验过程中，密炼室温度、转子转速、加料量对实验结果有何影响?

(3) 试分析当聚氯乙烯配方中塑化剂含量增加或者减少时对转矩曲线有什么影响。

(4) 请设计实验区别聚氯乙烯回收料和新料，思考回收料和新料可能在哪些性能上有区别。

(5) 试分析若增塑剂含量增加，平衡扭矩与最大扭矩之间的差值会有什么变化。

(6) 试比较毛细管流变仪和转矩流变仪在测定聚合物流变性能时的方法和结果有何区别。

(7) 试验中聚氯乙烯的平衡扭矩与最大扭矩差距不大的原因可能是什么?

参考文献

[1] 何曼君. 高分子物理 [M]. 上海：复旦大学出版社，2001.

[2] 曹静. 聚烯烃改性中的形态变化与性能研究 [D]. 成都：四川大学，2009.

第 21 章　聚合物相对分子量的测定

21.1　凝胶渗透色谱仪

1. 凝胶渗透色谱仪的基本原理及使用特点

凝胶渗透色谱（Gel Permeation Chromatography，GPC）是液相色谱的一种，是利用体积排除效应测定聚合物分子量的常用仪器。凝胶渗透色谱法是利用标准样品的分子量校正曲线对测定样品数据曲线进行校准，得到该样品的相对分子量，有别于渗透压法、光散射法、黏度法等测定分子量的方法。

聚合物稀溶液流入色谱柱时，大尺寸分子（高分子量的线性分子、支化度高的体型分子等）不能进入多孔的凝胶粒子的孔洞中，只能沿着粒子间隙流出，流出色谱柱的时间（保留时间）短；中等尺寸分子可滞留或者部分滞留在凝胶粒子较大的孔洞中，经过较长的时间被溶剂洗脱出来，保留时间较长；尺寸更小的分子则可以滞留在微孔中，经过更长的时间才能被溶剂洗脱出色谱柱，因此小尺寸分子的保留时间最长。根据各组分保留时间的长短计算出聚合物的相对分子量及分子量分布。凝胶颗粒及体积排斥原理如图 21.1 所示。

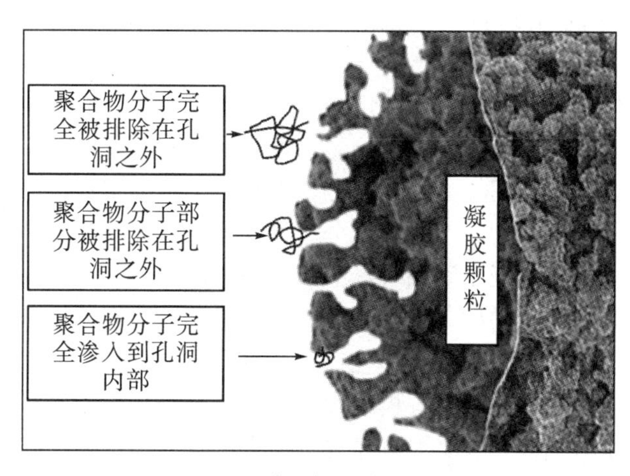

图 21.1　凝胶颗粒及体积排斥原理

凝胶渗透色谱仪由泵系统、进样系统、凝胶渗透色谱柱系统（包括恒温装置和色谱柱）、检测系统和数据记录处理系统组成。高温凝胶渗透色谱仪还需配有加热系统和在线过滤系统。图 21.2 为凝胶渗透色谱仪的工作原理图。

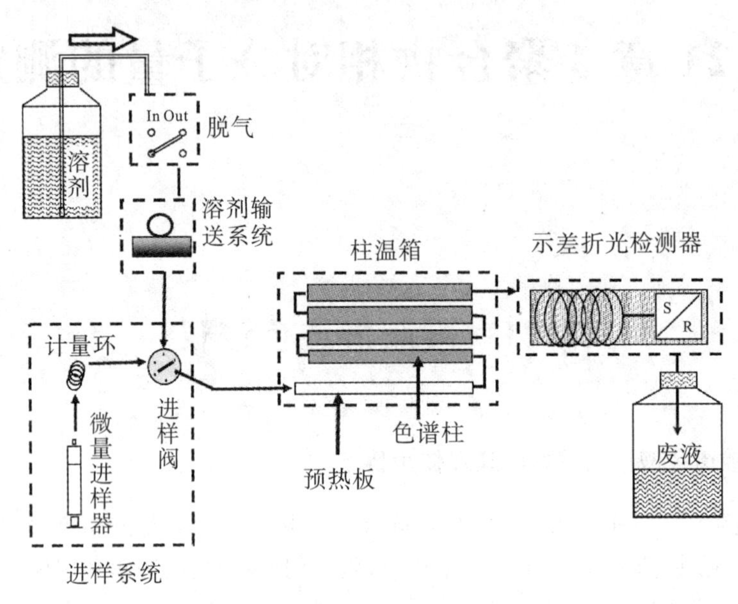

图 21.2　凝胶渗透色谱仪工作原理图

泵系统给流动相提供稳定压力，驱动流动相流经色谱柱。泵的精确度是保证数据准确性的关键，也是凝胶渗透色谱仪的一个重要指标参数。

微量进样器将聚合物稀溶液注入计量环中，由计量环控制溶液流入色谱柱的体积。根据不同仪器的要求，微量进样器有 10 μL，20 μL 等规格。

柱温箱是保证色谱柱在恒温条件下工作的关键部件。聚合物溶液黏度随温度的改变而改变，同一样品在不同温度下测定的保留时间不同，导致测定的相对分子量不准确，为了确保数据的可重复性和精确度，色谱柱需在恒温条件下测试样品，温度波动控制在 ±0.1℃以下。柱温箱的温度可高于室温 5℃～10℃，避免环境温度波动影响柱温箱内温度的平衡。

色谱柱是凝胶渗透色谱仪的核心部件，是一根填充不同孔径凝胶粒子的空心不锈钢管。填充的凝胶粒子粒径越小、分布越均匀，堆积越致密，管柱越长，色谱柱的分离效果越高。色谱柱的选择需根据样品化学成分、大致分子量分布范围，以及实验条件来选择。色谱柱有使用的上限和下限，即能够分离最大分子链尺寸和最小分子链尺寸。当样品分子链尺寸超过上限或者低于下限时，都无法被色谱柱有效分离。因此，要根据样品的分子量范围选择对应的色谱柱。另外，要选择合适类型的凝胶粒子，并保证凝胶粒子不能被流动相溶解。例如，聚苯乙烯凝胶适用于有机溶剂体系，交联聚乙酸乙烯酯凝胶及聚丙烯酰胺凝胶适用于乙醇、水等极性体系，无机硅胶适用于水和有机溶剂，多孔玻璃则适用于水和无机溶剂体系。高温凝胶渗透色谱则需要特殊的耐高温型色谱柱。[1]

凝胶渗透色谱的检测器通常为示差折光检测器。根据聚合物溶液与纯溶剂折光率的差异，当有聚合物流出时，示差折光检测器中样品池的折光率发生变化，同时记录下的时间即为流出组分的保留时间。将保留时间带入校正曲线计算可得该组分的相对分子量。

示差折光检测器测定的是聚合物的相对分子量，若增加黏度检测器，则可测定聚合物的黏均分子量；若增加光散射检测器，则可测定聚合物的绝对分子量。当样品会吸收紫外光或者产生荧光时，还可以配置紫外检测器或者荧光检测器，用以测定特定分子的分子量。

检测系统用于采集、存储和数据的处理分析。

2. 凝胶渗透色谱仪操作注意事项

（1）每次开机后均须用洗脱液冲洗整个管路系统和色谱柱，确保基线平衡后才能开始实验。

（2）测样前需要用标样校准，每天一次为宜。

（3）测试过程中严禁进样或者晃动样品架。

（4）样品先用 0.45 μm 的含氟微孔膜过滤，防止溶解物质和杂质堵塞管路。

（5）严格按照仪器操作规程进行操作。

21.2　凝胶渗透色谱仪测定聚合物相对分子量

1. 实验目的

（1）掌握凝胶渗透色谱仪的基本构造和测试原理。

（2）掌握软件使用方法、测试方法和基线拟合方法。

（3）学习谱图及数据分析方法以及理解测试报告中各物理量的意义。

2. 实验步骤

（1）试样准备。

样品完全干燥，充分溶解于溶剂中（可适当加热促进溶解），用滤膜除去杂质。样品浓度为 0.03%～0.5%（质量百分数），浓度不宜过高，否则会使色谱柱过载，使分离效果下降，从而缩短色谱柱寿命。

注意：①可轻微振荡样品的辅助溶解，切不可剧烈晃动或者使用超声，以免造成降解使分子链断裂；②测试前，样品必须用孔径为 0.45 μm 的滤膜过滤杂质。

（2）色谱柱选择。

色谱柱对样品分离效果起到关键作用。首先根据所用溶剂选择合适的色谱柱，再根据样品分子量的范围选择色谱柱，要求样品分子量的分布最好处在色谱柱校正曲线的线性范围内。

（3）标准样品选择。

根据溶剂类型和色谱柱种类选择标准样品，常用的标准样品有以下几类：①聚苯乙烯标准样品，适用于四氢呋喃溶剂，常与聚苯乙烯色谱柱配合使用；②聚氧化乙烯标准样品和聚乙二醇标准样品，适用于水溶剂体系和水性色谱柱；③聚甲基丙烯酸甲酯标准样品，适用于氮氮二甲基甲酰胺溶剂。

（4）溶剂选择。

常用有机系溶剂有四氢呋喃、氯仿、氮氮二甲基甲酰胺等。水溶性样品所用溶剂为超纯水，根据样品的极性的不同，还需要将不同的盐类辅助样品分子加入水溶液中进行分散，从而降低分子间、分子和溶剂间、分子与凝胶粒子间的相互作用。

（5）测试步骤。

打开电脑、软件、凝胶渗透色谱仪主机。设定流速、柱温箱温度、测试条件。将标准样品、测试样品依次放入自动进样器托盘（配置手动进样器时需先测试标准样品），设定运行时间、样品测定序列。测试完成后用分析软件分析标准样品和测试样品的数据，计算样品相对分子量。测试完成后，执行关机步骤，关闭主机，退出软件，关闭电脑。

（6）谱图及数据分析。

详见参考实例。

21.3 参考实例

1. 分子量校正曲线的计算*

（1）样品：不同分子量的单分散聚苯乙烯。

（2）实验目的：掌握凝胶渗透色谱校准分子量的基本方法，学会采用校正曲线计算相对分子量。

（3）仪器设备：凝胶渗透色谱（日本东曹株式会社，HLC−8320 GPC）。

（4）参数设置：聚苯乙烯−二乙烯苯凝胶色谱柱，溶剂为四氢呋喃（流动相）。柱温箱温度 40℃，流速 0.6 mL/min，示差折光检测器。

（5）谱图及数据分析。

表 21.1 为不同分子量聚苯乙烯的保留时间，根据校正曲线拟合公式 $\log M = at^3 + bt^2 + ct + d$ 计算得到，其中 M 为相对分子量；t 为保留时间；a，b，c，d 为常数。进行多次曲线回归计算，可得到如图 21.3 所示的不同分子量聚苯乙烯保留时间曲线的校正曲线和如表 21.2 所示的校正参数。

* 参见日本东曹株式会社相关资料。

表 21.1 不同分子量聚苯乙烯的保留时间

保留时间（min）	分子量	Error（%）	Weight	标记
5.745	8420000	15.26900	1	标准品
5.800	5480000	−11.68861	1	标准品
6.413	1090000	−16.96287	1	标准品
6.670	706000	0.26053	1	标准品
7.328	190000	8.69172	1	标准品
7.660	96400	7.52652	1	标准品
8.458	18100	−1.24220	1	标准品
8.717	10200	−5.74026	1	标准品
9.373	2420	−5.70842	1	标准品
9.775	1010	5.20295	1	标准品

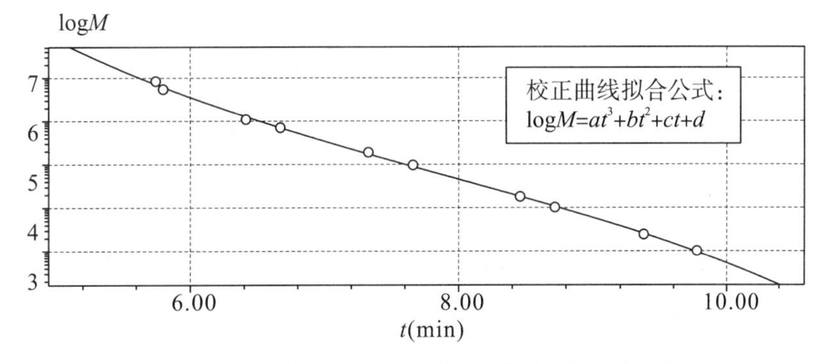

图 21.3 不同分子量聚苯乙烯保留时间曲线的校正曲线

表 21.2 校正参数

校正参数	
a	-2.534214×10^{-2}
b	0.6030414
c	−5.639032
d	24.15142

2. **聚苯乙烯分子量的测定**

（1）样品：分子量未知的聚苯乙烯样品。

（2）实验目的：掌握凝胶渗透色谱测定聚合物相对分子量的方法，能够正确解读数据报告。

（3）仪器设备：凝胶渗透色谱（日本东曹株式会社，HLC−8320 GPC）。

（4）参数设置：聚苯乙烯-二乙烯苯凝胶色谱柱，溶剂为四氢呋喃（流动相）。柱温箱温度40℃，流速0.6 mL/min，示差折光检测器。

（5）谱图及数据分析。

图21.4为样品保留时间谱图及校正曲线，图中一共七个出峰，说明样品中至少含有七组不同分子量的组分。谱图中1～5号峰分离较开，说明各组分子量差异较大。谱图中5～7号峰相互重叠，则说明各组分的分离程度较低，分子量差异不明显。若遇此种情况可以考虑更换测试条件，以提高组分分离程度。

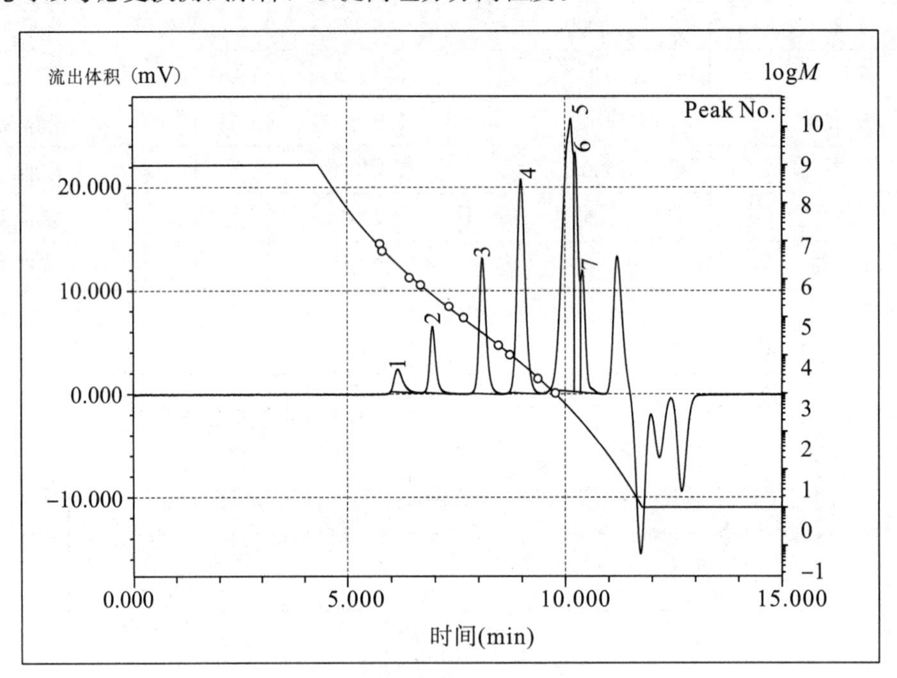

图21.4 样品保留时间谱图及校正曲线

表21.3中列出了每个峰的起始时间和峰值对应时间。采用参考实例1得到的校正曲线，可计算出不同保留时间对应的相对分子量。

表21.3 谱图的解析结果

Peak 1	时间（min）	流出体积（mV）	Mn	2126488
Peak start	5.993	0.219	Mw	2266978
Peak top	6.143	2.422	Mz	2390236
Peak end	6.558	0.090	Mz+1	2497596
			Mv	2266978
Height（mV）		2.237	Mz/Mw	1.054
Area（mV·s）		29.988	Mw/Mn	1.066
Area%（%）		2.489	Mz+1/Mw	1.102

Peak 2	时间（min）	流出体积（mV）	Mn	364445
Peak start	6.763	0.139	Mw	376074
Peak top	6.938	6.567	Mz	385976
Peak end	7.400	−0.013	Mz+1	394753
			Mv	376074
Height（mV）		6.47	Mz/Mw	1.026
Area（mV·s）		63.431	Mw/Mn	1.032
Area%（%）		5.264	Mz+1/Mw	1.050

Peak 3	时间（min）	流出体积（mV）	Mn	36268
Peak start	7.858	0.060	Mw	37343
Peak top	8.092	13.196	Mz	38304
Peak end	8.580	−0.047	Mz+1	39193
			Mv	37343
Height（mV）		13.171	Mz/Mw	1.026
Area（mV·s）		144.018	Mw/Mn	1.030
Area%［%］		11.953	Mz+1/Mw	1.050

Peak 4	时间（min）	流出体积（mV）	Mn	5858
Peak start	8.712	0.131	Mw	6112
Peak top	8.982	20.795	Mz	6354
Peak end	9.433	−0.007	Mz+1	6586
			Mv	6112
Height（mV）		20.716	Mz/Mw	1.040
Area（mV·s）		276.977	Mw/Mn	1.043
Area%（%）		22.988	Mz+1/Mw	1.078

Peak 5	时间（min）	流出体积（mV）	Mn	451
Peak start	9.662	0.411	Mw	491
Peak top	10.127	26.699	Mz	541
Peak end	10.205	23.078	Mz+1	598
			Mv	491

续表

Peak 5	时间（min）	流出体积（mV）	Mn	451
Height（mV）		26.459	Mz/Mw	1.101
Area（mV·s）		444.812	Mw/Mn	1.089
Area%（%）		36.917	Mz+1/Mw	1.218

TOTAL	时间（min）	流出体积（mV）	Mn	532
Peak start	5.993	0.219	Mw	82315
Peak top	10.127	26.699	Mz	1733401
Peak end	10.770	0.003	Mz+1	2381872
			Mv	82315
Height（mV）		104.100	Mz/Mw	21.058
Area（mV·s）		1204.888	Mw/Mn	154.638
Area%（%）		100.000	Mz+1/Mw	28.936

3. 实验报告撰写要求

（1）撰写实验目的、测试原理、实验仪器构造。

（2）撰写制样过程、仪器参数设置、基本操作步骤。

（3）分析实验数据，并计算样品相对分子量。

（4）回答思考题。

4. 思考题

（1）描述自己在试验中对于实验原理、实验操作过程的理解，对实验结果准确程度的判断，自己的体会以及对该实验的经验积累，总结该类型实验中应该注意的问题，如何改进提高？

（2）影响凝胶渗透色谱柱的柱效的因素有哪些？

（3）在更换色谱柱或色谱柱重装后，为什么要重新拟合校正曲线？

（4）当凝胶渗透色谱分离效果降低时，改变哪些参数设置有助于提高分离效率？哪些参数设置改变后需要重新拟合校正曲线？

（5）同样分子量的支化和线型聚合物分子，哪种先流出色谱柱？

参考文献

［1］杨万泰．聚合物材料表征与测试［M］．北京：中国轻工业出版社，2008.

第 22 章　聚合物黏均分子量的测定

22.1　乌氏黏度计

1. 黏度法测定聚合物分子量的原理

黏度法是测定聚合物黏均相对分子量的常用方法，测定原理主要基于 Mark-Houwink 方程：

$$[\eta] = K\overline{M_\eta}^{\alpha} \tag{22.1}$$

式中，K 为比例常数；α 为扩张因子，与溶液中聚合物分子的形态有关，在确定溶剂/聚合物体系、温度、相对分子量在一定范围的情况下，α 为常数；$\overline{M_\eta}$ 为黏均相对分子质量；$[\eta]$ 为特性黏数，量纲为浓度的倒数，是聚合物稀溶液的增比黏度与浓度的比值（η_{sp}/c）或对数黏度与浓度的比值（$\ln\eta_r/c$）在浓度无限稀释时的外推值，即：

$$[\eta] = \lim_{c\to 0}\frac{\eta_{sp}}{c} = \lim_{c\to 0}\frac{\ln\eta_r}{c} \tag{22.2}$$

其中，$\eta_{sp}=(\eta-\eta_0)/\eta_0=\eta/\eta_0-1=\eta_r-1$。$\eta$ 为聚合物黏度，η_0 为纯溶剂黏度。

将不同浓度的聚合物溶液的黏度换算成增比黏度和对数黏度后，分别作出 η_{sp}/c 和 $\ln\eta_r/c$ 与 c 的关系曲线，并拟合得两条直线，如图 22.1 所示。两条直线在 y 轴交于一点，此交点（即两直线在 y 轴上的截距）即为特性黏数。两条直线对应的函数关系分别为哈金斯方程和克拉默方程。

哈金斯（Huggins）方程：$\dfrac{\eta_{sp}}{c} = [\eta] + K'[\eta]^2 c$　　(22.3)

克拉默（Kraemer）方程：$\dfrac{\ln\eta_r}{c} = [\eta] - \beta[\eta]^2 c$　　(22.4)

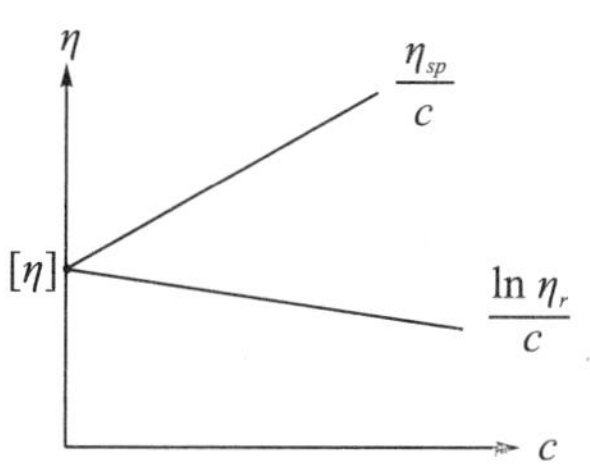

图 22.1　η_{sp}/c 和 $\ln\eta_r/c$ 与 c 的关系

K'称为哈金斯常数，它表示溶液中聚合物分子间和聚合物分子与溶剂分子间的相互作用，取值范围在0.3~0.4之间。对于溶解在良溶剂中的线型聚合物，满足$K'+\beta=0.5$，故哈金斯方程和克拉默方程可简化为

$$[\eta]=\frac{1}{c}\sqrt{2(\eta_{sp}-\ln\eta_r)} \tag{22.5}$$

式（22.5）即为一点法求特性黏数的公式。

2. **乌氏黏度计的基本构造及测试方法**

乌氏黏度计的构造如图22.2所示，它是由三根管组成的，其中B管中间部位为毛细管。溶液在毛细管中稳态流动时，黏度η满足泊肃叶（Poiseuille）定律：

$$\eta=A\rho t \tag{22.6}$$

式中，A为仪器常数；ρ为溶液密度；t为一定体积溶液流出毛细管的时间，即液面经过刻线a，b所需时间。分别测定溶液和纯溶剂流出毛细管的时间，将其代入公式(22.6)，可得聚合物溶液的相对黏度为

$$\eta_r=\frac{A\rho t}{A\rho_0 t_0}=\frac{t}{t_0} \tag{22.7}$$

式中，ρ，ρ_0分别为溶液和溶剂的密度，由于测定溶液的浓度在1%以下，所以极稀溶液和溶剂的密度近似相等，即$\rho=\rho_0$；t，t_0分别为溶液和溶剂在毛细管中的流出时间。因此，溶液的相对黏度为

$$\eta_r=\frac{t}{t_0} \tag{22.8}$$

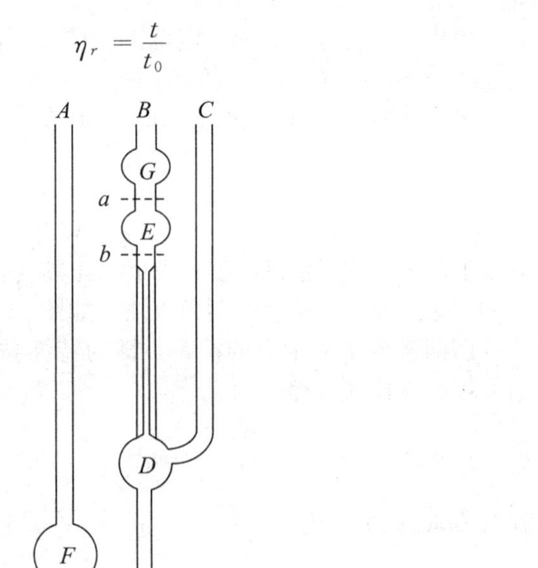

图22.2　乌氏黏度计

3. **影响分子量测定的因素**

(1) 选用纯溶剂的流出时间在100 s以上的黏度计。

（2）测试时保证样品在毛细管中稳态流动。

（3）溶液黏度不宜过大，否则会偏离公式所设定的线性范围，一般保证的 η_r 在 1.05～2.5 之间较好，不能超过 3.0。

（4）溶液黏度受温度影响很大，测试时一定要精确控温，保证温度波动不超过 ±0.02℃。

22.2　乌氏黏度计测定聚合物黏均分子量

1. 实验目的

（1）掌握乌氏黏度计测定聚合物黏均分子量的方法。

（2）掌握作图法计算聚合物特性黏数和黏均分子量。

2. 实验步骤

（1）试样准备。

将聚合物完全溶解在良溶剂中，浓度控制在 1%以下。

（2）仪器准备。

乌氏毛细管黏度计、恒温装置（玻璃缸水槽、加热棒、控温仪、搅拌器）、秒表（最小单位 0.01 s）、吸耳球、夹子、容量瓶、烧杯、砂芯漏斗（#5）。

（3）测试步骤。

①将聚合物溶解在良溶剂中，用砂芯漏斗过滤至容量瓶待用。

②将黏度计安装在恒温水浴锅中，保证乌氏黏度计的 G 球（图 22.2）淹没在水面以下。恒温水浴槽的温度控制在测试温度，误差不超过 0.1℃。将过滤好的溶剂和溶液装入容量瓶中，并将容量瓶刻度线以下部分浸没在已经恒温的恒温水浴槽中。

③测定纯溶剂流经毛细管的时间 t_0。待乌氏黏度计中的溶剂温度恒定后，闭紧 C 管，用吸耳球从 B 管口将纯溶剂吸至 G 球的一半，拿下吸耳球的同时打开 C 管，记下纯溶剂流经 a，b 刻度线之间的时间 t_0。重复几次测定，记录误差小于 0.2 s 的数据，并计算平均值。

④测定溶液流经毛细管的时间 t。将毛细管内的纯溶剂倒掉，用溶液润洗 1～2 次后，加入溶液至 F 球的 2/3～3/4，恒温 15 min。先闭紧 C 管，用吸耳球从 B 管口将溶液吸至 G 球的一半后拿下吸耳球，同时打开 C 管，记下溶液流经 a，b 刻度线之间的时间 t。重复几次测定，记录误差小于 0.2 s 的数据，并计算平均值。

⑤稀释溶液后再测定溶液流经毛细管的时间。

⑥将实验数据记录在表 22.1 中。

表 22.1　实验数据记录表

溶液浓度	溶液流经时间 t			平均流经时间	η_r	η_{sp}
纯溶剂					—	—

3. 实验报告撰写要求

（1）撰写实验目的、测试原理、实验仪器构造。
（2）撰写制样过程、仪器参数设置、基本操作步骤。
（3）分析实验数据，并计算样品的黏均分子量。
（4）回答思考题。

4. 思考题

（1）乌氏黏度计中 C 管在测定黏度时起什么作用？用乌氏黏度计测量溶液的流出时间时，为什么要打开 C 管的夹子使毛细管末端通大气？如果不打开，对流出时间测定会有什么影响？

（2）纯溶剂流经毛细管的时间为什么控制在 100 s 以内？流经时间过短或过长对测试结果有何影响？

（3）影响流经时间准确性的因素有哪些？

（4）利用黏度法测定聚合物分子量的局限性如何？适用的分子量范围是多大？